电能计量设备
自动化检定流水线
应用与智能化运维

国网北京市电力公司　编著

中国电力出版社
CHINA ELECTRIC POWER PRESS

内容提要

国网北京市电力公司在对电能计量设备检定流水线五年来的智能运维技术和经验进行全面总结的基础上编写了本书，旨在指导和帮助供电企业掌握和了解电能计量设备自动化检定流水线应用相关技术，提升自动化运维水平。

全书共分 7 章，分别为电能计量设备自动化检定流水线的发展、电能计量设备自动化检定系统、自动化检定流水线关键设备、自动化检定流水线操作与维护保养、自动化检定流水线智能运维技术、自动化检定流水线故障表位识别技术、自动化检定流水线典型故障分析与处理。

本书可供供电企业或电力用户电能计量管理者及专业人员参阅，也可供电能计量技术人员学习参考。

图书在版编目（CIP）数据

电能计量设备自动化检定流水线应用与智能化运维 / 国网北京市电力公司编著 . —北京：中国电力出版社，2023.9

ISBN 978-7-5198-8005-7

Ⅰ.①电… Ⅱ.①国… Ⅲ.①电能计量－电气设备－自动检定系统 Ⅳ.① TM933.4

中国国家版本馆 CIP 数据核字（2023）第 134730 号

出版发行：中国电力出版社
地　　址：北京市东城区北京站西街 19 号（邮政编码 100005）
网　　址：http://www.cepp.sgcc.com.cn
责任编辑：莫冰莹（010-63412526）　李耀阳
责任校对：黄　蓓　李　楠
装帧设计：赵姗姗　北京永诚天地艺术设计有限公司
责任印制：杨晓东

印　　刷：三河市万龙印装有限公司
版　　次：2023 年 9 月第一版
印　　次：2023 年 9 月北京第一次印刷
开　　本：787 毫米×1092 毫米　16 开本
印　　张：12.5
字　　数：230 千字
定　　价：69.00 元

编委会

主　任：周建方

副主任：邱明泉　陈　平

成　员：秦　帅　李海涛　李　冀　段大鹏　王　诜　王立永

　　　　洪沅伸　李　蕊　赵　成　冯国峥

编写工作组

段大鹏　李铭凯　史鹏博　李　蕊　孙　健　步志文　刘　恒

赵　成　李秀芳　丁　宁　陆翔宇　李雪城　易　欣　程诗尧

姚　鹏　张　缘　李　娜　杨广华　刘月骁　朱锦山　李　乾

李亦非　陶诗洋　吴小林　胡晨同　杨云峰　袁铭敏　靳宝卫

曾纬和　王梓丞　管保柱　李　欣　刘士峰　李芮阁　王明胜

安子豪　肖　莞　王　芳　李　佳　沈　静

前言 PREFACE

随着我国智能电网建设工作的稳步推进及新型电力系统构建的不断加快,智能电能表等先进的电能计量设备在全国得到了大规模推广应用。我国智能电能表的安装量接近 6 亿只,其组网已经成为规模最大的智能物联网之一,为我国电力系统建设发展和电能计量的进步作出了重要贡献。智能电能表、计量互感器作为法律规定的强制检定计量器具,必须进行逐只检定,与之配套的计量用电信息采集装置、计量断路器等计量设备也需要进行性能检测,合格后方可安装投入使用。为了应对如此海量设备的检定工作需求,电能计量设备的检定技术不断演进迭代,基本完成了由传统的人工检定向自动化检定的技术升级,效率更高、精度更高、自动化程度更高,实现了计量设备检测检定的标准化、自动化、智能化。

为不断夯实计量管理基础,国家电网有限公司以"公平、公正、公开"为准则,以"智能化、自动化、信息化"为手段,组织建设网省公司电能计量中心,实现计量器具和用电信息采集设备的集中检定、集中仓储、统一配送、统一监督,达到"整体式授权、自动化检定、智能化仓储、物流化配送"。自 2012 年开始,国家电网有限公司各省级电能计量中心陆续建成规范、统一的电能计量设备自动化检定流水线,使得电能计量设备实现了全自动化检定,极大提升了检定效率,有力保障了电能计量设备的法制检定和物资需求。国网北京市电力公司于 2018 年建成包含智能电能表、计量低压互感器、采集终端、通信模块、计量断路器等在内的"七线两库"自动化检定仓储系统。在此基础上，国网北京市电力公司积极研究计量设备自动化检定流水线的科学维护与数据分析技术，探索建立了先进的应用与维护模式，开发了软硬件系统，并实现了智能化运维。

本书全面总结国网北京市电力公司电能计量设备检定流水线五年来的智能运维技术成果和丰富的应用运行经验，对流水线的构成及关键技术进行了介绍，对流水线的运行维护经验和典型故障案例进行了总结提炼，为流水线的科学应用和智能化运行维护提供指导。

本书的编写得到了国家电网有限公司营销部及国家电网计量中心有关领导、专家的悉心指导和帮助，在此表示衷心的感谢。感谢中智沃达（北京）电力科技有限公司在运维工作方面的大力支持，感谢编委会和编写组人员所做的大量技术研究、资料整理及撰写工作。同时，向帮助本书出版的同志以及参考文献的作者表示衷心的感谢。

限于作者知识水平，书中难免有不妥之处，敬请广大读者批评指正。

编者

2023 年 7 月

目录 CONTENT

第 1 章

电能计量设备自动化检定流水线的发展

本章重点对电能计量设备自动化检定流水线（简称自动化检定流水线）的发展情况进行了介绍，首先对自动化检定流水线的发展现状进行了说明，然后对自动化检定流水线整体组成结构进行了简述，最后阐述了自动化检定流水线的发展趋势。

1.1　自动化检定流水线发展现状

　　传统计量设备的检定模式为人工检定，需要人工将电能表挂接在多功能检定单元上，检验完成后手工拆表。但是该类模式存在检定效率低、作业过程容易受检定人员操作技能水平影响等问题，很难达到高效、标准的作业水平。同时，随着电能计量设备大规模推广应用，传统人工检定模式已难以满足日益增长的需求。

　　2007 年国网浙江省电力有限公司提出总体设计思路，并在 2009 年研制出国内首个全自动计量检定工程样机，最终于 2012 年建成世界首套大规模全自动电能表智能化计量检定系统，大幅提高了集中检定效率。随后这一成果在国内 28 个省市推广应用，并通过专利许可实施方式推广到丹麦、韩国、马来西亚等 9 个国家。

　　当前自动化检定流水线已应用于国家电网有限公司各省电能计量中心，实现与智能立体仓储系统接驳、自动传输、自动检定、计量管理的一体化运行。国网北京市电力公司于 2018 年建成包含电能表、采集终端、电流互感器、通信模块、隔离开关、微型断路器等在内的自动化检定仓储系统，并实现了智能化运维。

　　自动化检定流水线的应用显著提升了检定效率，节约了人力成本，实现了标准化管理，避免了传统人工检定方式的弊端，提高了检定质量管理水平。

1.2　自动化检定流水线的组成结构

　　自动化检定流水线由传送机构、辅助机构、检测机构、驱动机构及控制系统五部分构成，如图 1-1 所示。

图 1-1　自动化检定流水线的构成

效果示意图如图 1-2 所示。

图 1-2 自动化检定流水线效果示意图

1.2.1 传送机构

传送机构的功能是输送电能计量设备，主要包括自动输送系统、自动上下料系统，用来替代人工搬运或者人工上下料环节，是自动化检定流水线必不可少的基本部分，也是自动化检定流水线机械设计部分的基本内容。

1. 自动输送系统

自动输送系统包括小型的输送装置及大型的输送线，其中小型输送装置一般用于自动化流水线的各自动化测试专机，用于待检设备单只连续传送和移栽；大型输送线则用于自动化检定出入库环节，用于待检设备的整箱批量传送。

自动输送系统根据结构类型的区别，可分为皮带输送线、链条输送线、辊筒输送线等；根据运行方式的区别，又可以分为连续输送、断续输送、定速输送、变速输送等不同的运行方式。自动化检定流水线一般采用不同输送结构相结合，为了保障运行稳定，采用定速输送的方式。

2. 自动上下料系统

自动上下料系统是在自动化检定过程中，与周转箱输送线接驳，在检定前后专门用于自动上料、自动下料的机构。要完成整个上料动作，首先必须将待检设备移送到中间缓冲装置上，然后取下来将其放入自动化检定流水线的托盘中，准备进行下一个检定环节。下料动作和上料相反，完成后进入设备入库环节。

在自动化机械中，典型的上料机构包括：①机械手；②利用工件自重的上料装置（如料仓送料装置、料斗式送料装置）；③振盘；④步进送料装置。

　　下料机构相比于上料机构，其结构更加简单，常用的下料机构包括：①机械手；②气动推料机构；③压缩空气喷嘴。

　　机械手是一种能模仿人手和臂的某些动作功能，按固定程序抓取、搬运物件或操作工具的自动操作装置，特点是可以通过编程来完成各种预期的作业，构造和性能上兼有人手和机器各自的优点。机械手是最早出现的工业机器人，也是最早出现的现代机器人，它可代替人繁重的劳动以实现生产的机械化和自动化，能在有害环境下操作以保护人身安全，因而被广泛应用于机械制造、冶金、电子、轻工和原子能等领域。

　　气动推料机构就是采用气缸将完成工序操作后的工件推出定位夹具，使工件在重力的作用下直接落入或通过倾斜的滑槽自动滑入下方的物料框内的机构。

　　压缩空气喷嘴是一种基于空气动力学原理，通过独特的空气流道设计，使压缩空气通过喷嘴后形成均匀、稳定、顺畅且可控的空气层流的设备。由于消除了开口管产生的高噪声和无序的紊乱气流，每个喷嘴都具有高效吹扫力，能够将物体吹入指定位置。对于质量特别小的工件，经常采用压缩空气喷嘴直接将工件吹落，使其掉入下方的物料框内。

　　在电能计量领域，自动化检定流水线一般采取上下料机械手将待测设备放置于输送线或从中取下。

1.2.2　辅助机构

　　在自动化检定流水线运行过程中，除自动上下料机构外，还需要各种辅助机构完成诸如定位、换向及分料等操作，这些操作是整个流程环节中的一部分。

　　1. 定位机构

　　定位夹具用于固定待测电能计量设备，在检定过程中，需要将待测设备按预定的流程送达指定的测试专机，这种功能实现需要专用的定位夹具配合完成，一般将待测设备固定于托盘上，并结合输送线的挡停机构将其送至指定位置。

　　2. 换向机构

　　在检测过程中，待测设备必须处于确定的姿态方向，输送过程中方向经常需要在自动化流水线上的不同测试专机之间进行改变，因此需要设计专门的换向机构在检测之前改变待测设备的运行方向，一般在输送线上安装转向轮和控制挡板以确保设备按预定方向流转。

　　3. 分料机构

　　机械手在抓取待测设备时必须为机械手末端的气动手指留出足够的空间，以方便机械手的抓取动作。如果待测设备在输送线上排列紧密，机械手可能会因为没有足够的空间而无法抓取，因此需要将连续排列的待测设备逐件分隔开来，这些操作由分料机构完成，在自动化检定流水线中，一般由挡停机构实现待测设备的分隔。

上述机构分别完成工件的定位、换向、分料等辅助操作，这些机构一般不属于自动检定流水线的核心机构，所以通常将其统称为辅助机构。

1.2.3 检测机构

在自动化检定流水线中，为了完成检定技术规范规定的检定项目，需要用到大量的自动检测设备，这些设备的核心功能就是按照检定技术规范规定的测试方法完成检定项目。通常将这些设备统称为检测机构，它们是自动化流水线中机械的核心部分。例如耐压检测装置、外观检查装置、自动贴标装置、激光刻码装置、多功能检定装置等，都属于自动化检定流水线的检测机构。

1.2.4 驱动机构

在自动化检定流水线中，任何自动机械设备都需要通过一定机构的运动来完成要求的功能，需要利用驱动部件并消耗能量。自动机械最基本的驱动部件包括：①由压缩空气驱动的气动执行元件（气泵、气缸、气动电动机、气动手指、真空吸盘等）；②由液压系统驱动的液压缸；③各种执行电动机（普通感应电动机、步进电动机、变频电动机、伺服电动机、直线电动机等）。

气动执行元件是最简单的驱动方式，它具有成本低廉、使用维护简单等特点，在自动机械中得到了大量的应用，被广泛应用于电子制造、电器、仪表、五金等制造行业中。

液压系统主要用于对输出力需求较大、工作平稳需求性较高的行业，如建筑机械、矿山设备、铸造设备等。

除了上述两类元件，电动机也是重要的驱动部件，被广泛用于各种行业。如自动检测线中的输送线、间隙回转分度器、连续回转工作台、电动缸、伺服驱动机械手、机器人、数控机床的进给系统等，都需要大量的电动机。

在自动化检定流水线中，一般选取气动和电动机相结合的方式驱动机械手、检测机构等设备的工作，例如输送线采用电动机分段控制、机械手抓取部分采用气动方式吸取待测设备。

1.2.5 控制系统

自动化检定流水线的控制系统主要分为以下两种。

1. 主控系统

主控系统即核心控制软件，自动机械系统一般都有一套控制软件，用来进行任务的控制。在自动化检定流水线中，主要用来管理检定任务，可进行检定任务的执行、分配等，同时对检定过程进行监控及控制。

2. 电气控制系统

电气控制系统是指若干电气元件的组合，用于实现对某个或某些对象的控制，从而保证被控设备安全、可靠地运行。电气控制系统的主要功能有自动控制、保护、监视和测量。它的构成主要有三部分：输入部分（如传感器、开关、按钮等）、逻辑部分〔如继电器、可编程控制器（programmable logic controller，PLC）等〕和执行部分（如电磁线圈、指示灯等）。在自动机械系统中，电气控制系统将能够控制气缸运动方向的电磁换向阀换成继电器或 PLC，即将原来的机械控制部分由可控的电气逻辑器件代替。

在自动化检定流水线中，PLC 已经成为控制系统的主流设备。PLC 与各种传感器配合，可以完成对各种检测机构按特定的要求及动作流程进行循环工作的控制。除控制元件外，还需要配套使用各种开关及传感器，利用这些配套开关和传感器，实现对待测设备的位置与状态等的检测确认，并将这些检测确认信号作为控制系统向相关的执行机构发出操作指令的条件。在自动化检定流水线中需要采用传感器的场合包括：①气缸活塞位置的确认；②暂存位置是否存在待测设备的确认；③机械手抓取机构上是否存在待测设备的确认；④定位夹具内是否存在待测设备的确认。

1.3 自动化检定流水线发展趋势

随着微电子、5G 通信、计算机及人工智能等技术的不断创新突破，自动化检定流水线技术正朝着网络化、标准化、柔性化、智能化的方向发展，为新一代电能计量设备提供更加高效、智能、可靠的支撑平台。

1.3.1 自动化检定流水线的网络化

随着网络通信技术的飞速发展，为各独立自动化单元的联网通信、实现资源共享提供了可靠保障。如自动化检定流水线控制核心部件 PLC 技术朝着一体化方向发展，并诞生了一种新型技术，即一体化控制器（OCS）。相较于 PLC，OCS 拥有更简单紧凑的结构、更便捷的安装方式以及更清晰的控制线路等优势。此外，OCS 还能够将 HMI、FO 等各种控制器设备集成在一起，从而使其自身具备上述多种控制器的特点，使现代工业生产中的人机交互成为可能，极大降低了生产中技术人员的操作难度。自动化检定流水线应用这种一体化自动控制设备，可使流水线自动控制水平更高，人员操作控制系统更加便捷，符合现代社会生产追求效率的需求。

1.3.2　自动化检定流水线的标准化

标准化是指在经济、技术、科学和管理等社会实践中，对重复性的事物和概念，通过制定、发布和实施标准达到统一，以获得最佳秩序和社会效益。自动化检定流水线的标准化可以设计统一原理、统一数据格式、统一数据接口，简化开发和应用工作。自动化检定流水线系统正朝着集成化和网络化的方向发展，制定自动化流水线的各种设计开发、评测和数据交换标准势在必行。

在自动化检定流水线的设计中，以下内容的标准化建设可融入标准的建设规划中。

（1）工业大数据标准。主要包括平台建设的要求、运维和检测评估等工业大数据平台标准；工业大数据采集、预处理、分析、可视化和访问等数据处理标准；数据管理体系、数据资源管理、数据质量管理、主数据管理、数据管理能力成熟度等数据管理和治理标准；工厂内部数据共享、工厂外部数据交换等数据流通标准。

（2）工业软件标准。主要包括产品、工具、嵌入式软件、系统和平台的功能定义、业务模型、质量要求、成熟度要求等软件产品与系统标准；工业软件接口规范、集成规程、产品线工程等软件系统集成和接口标准；生存周期管理、质量管理、资产管理、配置管理、可靠性要求等服务与管理标准；工业技术软件化参考架构、工业应用软件封装等工业技术软件化标准。

（3）工业云标准。主要包括平台建设与应用，工业云资源和服务能力的接入、配置与管理等资源标准；实施指南、能力测评、效果评价等服务标准。

1.3.3　自动化检定流水线的柔性化

自动化检定流水线按单一电能计量设备的检定进行整体设计，但随着生产需求的个性化和多样化，按需定制越来越多，相比于传统的大规模生产，这种小规模的定制对技术的要求更高。柔性制造系统（flexible manufacturing system，FMS）是由统一的信息控制系统、物料储运系统和一组数字控制加工设备组成，能适应检定对象变换的系统。FMS 的工艺基础是成组技术，它按照成组的对象确定生产过程，选择相适应的储运系统，并由计算机进行控制，故能自动调整并实现一定范围内多种设备的成批高效生产，并能及时地改变产品以满足市场需求。自动化检定流水线未来按柔性化设计，可适应多种电能计量设备的按需检定，节约建筑用地和建设成本，同时减少直接劳动力，在少人看管的条件下实现连续全自动化检定。

1.3.4 自动化检定流水线的智能化

人工智能（artificial intelligence，AI）技术是使用计算机模拟人的某些思维过程和智能行为（如学习、推理、思考、规划、决策等）的一门新的科学技术。人工智能是计算机科学的一个分支。它尝试了解智能的实质，并生产出一种新的能以与人类智能相似的方式做出反应的智能机器。将人工智能技术引入自动检定流水线的应用中，使自动化检定流水线具有专家的知识、经验和推理决策能力；能够自主学习并获取新的知识，有智能化的视觉及语言处理能力；能够模拟工程领域的专家进行推理、联想、判断和决策，从而使自动化检定流水线达到智能化运行的目的。同时人工智能技术未来用在自动化检定流水线的设计、制造领域，可使得其设计、制造过程更标准、更快捷、更简便、更安全，使自动化流水线系统更实用、更高效。

第 2 章

电能计量设备自动化检定系统

本章详细介绍了电能计量设备自动化检定系统。首先对电能计量装置的分类和检定涉及的技术规范进行了说明。然后对电能计量设备自动化检定系统的计量生产调度平台、智能仓储系统、自动化检定流水线进行了介绍，其中主要对自动化检定流水线的主要组成单元，如输送单元、上下料单元等部分的设备组成、功能特点、工作原理进行了阐述。最后给出了电能计量设备自动化检定的业务流程。

2.1 电能计量装置分类及检定技术规范

2.1.1 电能计量装置的分类

电能计量装置是供电企业按照国家有关规定，用于计量电力用户的购入、售出或使用的电能数量的装置，作为贸易结算的依据，属于政府强制检定的法定计量器具。电能计量装置主要包括电能表、互感器、信息采集与通信设备等。电能计量装置的失准将直接影响电力系统电量平衡计算考核，导致购售电贸易结算的错误，可能引起经济纠纷，影响供电企业的经营管理。因此，电能计量装置的准确性和可靠性十分重要。

我国现行的电能计量装置按其所计量电能量的多少或计量对象的重要程度可以分为 5 类，如表 2-1 所示。

表 2-1 电能计量装置分类

分类	应用场合
Ⅰ类	月平均电量 500 万 kW·h 及以上或变压器容量为 10000kV·A 及以上的高压计费用户的电能计量装置，200MW 及以上发电机、发电企业上网电量、电网经营企业之间的电能交换点、省级电网经营企业的供电关口计量点的电能计量装置
Ⅱ类	月平均电量 100 万 kW·h 及以上或变压器容量为 2000kV·A 及以上的高压计费用户的电能计量装置，100MW 及以上发电机、发电企业上网电量、电网经营企业之间的电能交换点的电能计量装置
Ⅲ类	月平均电量 10 万 kW·h 及以上或变压器容量为 315kV·A 及以上的高压计费用户的电能计量装置，100MW 以下发电机、发电企业厂（站）、供电企业内部用于承包考核的计量点、考核有功电量平衡的 110kV 及以上的输电线路的电能计量装置
Ⅳ类	负荷容量为 315kV·A 以下的计费用户的电能计量装置、发电企业内部经济指标分析考核用的电能计量装置
Ⅴ类	单相供电的电力用户计费用的电能计量装置

电能表按照工作原理划分，可以分为机械式电能表和电子式电能表，我国现行使用的智能电能表均为电子式电能表；按照准确度等级划分，可以分为 0.1S（E）级、0.2S（D）级、0.5S（C）级、1.0（B）级、2.0（A）级等，电力居民用户常用的为 2.0级；按照相线划分，可以分为单相电能表、三相三线电能表、三相四线电能表；按照

用途划分，可以分为有功电能表、无功电能表、最大需量电能表、标准电能表等。

电能计量互感器按照电压等级划分，可以分为220V/380V、10kV、110kV、220kV、500kV等；按照电流互感器的变比划分，可以分为2000A/5A、1000A/5A、600A/5A、300A/5A、200A/5A等；按照准确度等级划分，可以分为0.2级、0.5级、0.2S级、0.5S级、1.0级、2.0级等。

2.1.2 电能计量装置检定技术规范概述

电能计量装置属于政府强制检定的法定计量器具，为了确保电能计量装置的计量精度、准确性及可靠性，相关部门及供电企业出台了一系列关于电能计量装置质量、准确度以及检定等方面的技术规范：

GB/T 11150—2001《电能表检验装置》

GB/T 17215.211—2021《电测量设备（交流）通用要求、试验和试验条件 第11部分：测量设备》

GB/T 17215.321—2021《电测量设备（交流）特殊要求 第21部分：静止式有功电能表（A级、B级、C级、D级和E级）》

GB 19517—2009《国家电气设备安全技术规范》

JJG 569—2014《最大需量电能表检定规程》

JJG 596—2012《电子式交流电能表》

JJG 597—2005《交流电能表检定装置》

JJG 691—2014《多费率交流电能表检定规程》

JJG 795—2016《耐电压测试仪》

JJG 1085—2013《标准电能表检定规程》

JJF 1182—2021《计量器具软件测评指南》

JJF 1662—2017《时钟测试仪校准规范》

DL/T 448—2016《电能计量装置技术管理规程》

DL/T 460—2016《智能电能表检验装置检定规程》

DL/T 585—1995《电子式标准电能表技术条件》

DL/T 614—2007《多功能电能表》

DL/T 645—2007《多功能电能表通信协议》

DL/T 698.1—2021《电能信息采集与管理系统 第1部分：总则》

DL/T 731—2000《电能表测量用误差计算器》

DL/T 732—2000《电能表测量用光电采样器》

Q/GDW 1374.1—2013《电力用户用电信息采集系统技术规范　第 1 部分：专变采集终端技术规范》

Q/GDW 1374.2—2013《电力用户用电信息采集系统技术规范　第 2 部分：集中抄表终端技术规范》

Q/GDW 1374.3—2013《电力用户用电信息采集系统技术规范　第 3 部分：通信单元技术规范》

Q/GDW 1375.1—2013《电力用户用电信息采集系统型式规范　第 1 部分：专变采集终端型式规范》

Q/GDW 1375.2—2013《电力用户用电信息采集系统型式规范　第 2 部分：集中器型式规范》

Q/GDW 1376.1—2013《电力用户用电信息采集系统通信协议　第 1 部分：主站与采集终端通信协议》

Q/GDW 1379.1—2013《电力用户用电信息采集系统检验技术规范　第 1 部分：系统检验技术规范》

Q/GDW 1379.2—2013《电力用户用电信息采集系统检验技术规范　第 2 部分：专变采集终端检验技术规范》

Q/GDW 1379.3—2013《电力用户用电信息采集系统检验技术规范　第 3 部分：集中抄表终端检验技术规范》

Q/GDW 1379.4—2013《电力用户用电信息采集系统检验技术规范　第 4 部分：通信单元检验技术规范》

Q/GDW 1574—2014《电能表自动化检定系统技术规范》

Q/GDW 1575—2014《用电信息采集终端自动化检测系统技术规范》

Q/GDW 10355—2020《单相智能电能表型式规范》

Q/GDW 10356—2020《三相智能电能表型式规范》

Q/GDW 10364—2020《单相智能电能表技术规范》

Q/GDW 10827—2020《三相智能电能表技术规范》

Q/GDW 12178—2021《三相智能物联电能表技术规范》

2.1.3　自动化检定流水线技术要求

根据上述电能计量装置检定的技术规范，以及自动化系统的机械传动、电气安全等方面的要求，自动化检定流水线系统的各部分在设计、制造时，应满足相应的技术要求。下面以国网北京市电力公司建设运行的电能计量设备自动化检定流水线为例，给出该系统设计应满足的主要技术要求。

1. 物流输送速率

托盘输送线速率能在 5 ~ 18m/min 范围调整设置。

输送系统每个分段的承载能力大于满载负载质量的 1.5 倍。

2. 机器人

工作半径为 1.65m；重复定位精度为 0.05mm。

承载能力大于满载负载质量的 1.5 倍。

3. 接拆线可靠性

每个表位电能计量设备所有接线柱一次性接线成功率不小于 99.5%。

每只电能计量设备的电流、电压端子动作压力不大于 60N。

每只电能计量设备的辅助端子动作压力不大于 10N。

4. 耐压检测装置

测试电压（AC）：0 ~ 4000V 连续可调，最大误差为 ±3%。

漏电流（AC）：每表位 0.1 ~ 50mA 可设，允许误差为 ±5%。

定时：默认 60s，0 ~ 99s 可设，允许误差为 ±20ms。

容量：总容量不小于 500VA。

波形：50Hz 正弦波，波形失真度小于 5%。

额定输出应满足电能表的耐压检测需要，且能平稳地将试验电压从零升到规定值，符合电能表相应的检定规程。

5. 图像识别正确率

图像识别对不合格电能计量设备判断的正确率达 100%，误判率小于 1%。用于图像识别的工业相机，应满足如下要求：

焦距：12 ~ 30mm；

光圈范围：F1.4 ~ F16；

像素：130 万以上；

采集帧率：30 帧 /s 以上；

IP 等级：IP51 以上。

6. 准确度及多功能检定单元

装置准确度等级：≥ 0.1 级。

装置测量范围：3 ×（57.7 ~ 380）V，3 ×（0.1 ~ 100）A。

标准电能表：采用多量程数字式标准电能表，准确度等级为 0.05 级，年变差不大于 300mg/kg。

标准电能表测量范围：$3 \times (57.7 \sim 380)$ V，$3 \times (0.1 \sim 100)$ A。

隔离电压互感器（TV）等级：0.01 级。

标准频率计准确度：$\leqslant 10^{-7}$。

其他指标应符合 JJG 597—2005《交流电能表检定装置》及国家相关标准要求。

7. 刻码可靠性

在电能计量设备加封尺寸一致的情况下，刻码成功率不小于 99.9%。刻码完成后需具备检测是否成功刻码的功能，识别准确率达 100%。

8. 贴标可靠性

自动贴标成功率不小于 99.5%。贴标完成后需具备检测是否成功贴上标签的功能，贴标完好性识别准确率达 100%。

9. 可编程控制器（PLC）

模块化设计，可按需要增加输入 / 输出（I/O）模块。

通信模块最少能扩展 4 个通信口。

程序容量至少为 200KB。

程序的单步运行时间最大为 0.3 μs。

I/O 输入必须为 DC 0 ~ 24V。

在 PLC 运行出错时，必须有指示灯提示并有相关的 I/O 输出。

程序的编写采用模块化编制，每个 I/O 都要有相应的注解。

程序由每个功能段落组成，结构清晰，易于维护及扩展。

中央处理器（central processing unit，CPU）的负载能力在 50% 以上，现场 I/O 的负载能力在 30% 以上。

2.2 电能计量设备自动化检定系统

电能计量设备的全生命周期涉及计量器具的生产供应商、电力企业电能计量检定中心、供电企业安装运维部门以及电力用户等多个环节和机构，这些机构各司其职，共同完成计量器具的生产、检定、安装以及使用环节。在这些环节中，电力公司承担了采购、仓储、检定、配送、质量监测等各个环节。作为电网企业，国家电网有限公司承担了电能计量设备的采购、检定、安装、运维及回收处置等工作，在各省成立了省市级计量中心，实现了电能计量设备的整体检定授权、统一采购、集中检定、统一仓储配送和统一回收处置的管理模式，并在各省或直辖市建设投运了包含智能仓储物流的电能计量设备自动化检定全过程系统。

电能计量设备自动化检定系统主要由计量生产调度平台、智能仓储系统、自动化检定流水线组成，系统结构如图 2-1 所示。计量生产调度平台是中心管控系统，负责统一管理和调度计量装置检定系统和智能仓储系统；自动化检定流水线包括单/三相电能表、互感器、采集终端与通信模块等计量设备的自动化检定流水线；智能仓储系统实现了电能计量设备从到货后、检定前后以及回收后的立体化智能仓储。计量装置检定系统与智能仓储系统通过输送线进行自动化接驳。下面对以上三个主要组成系统进行介绍和阐述。

图 2-1　电能计量设备自动化检定系统架构图

2.2.1　计量生产调度平台

计量生产调度平台是涵盖电能计量设备采购、仓储、检定、配送、运行监控及回收处置等资产全生命周期的集中信息化管控系统，部署在各省级电能计量中心，也是电能计量设备自动化检定系统的调度控制和数据管理系统平台，其总体架构如图 2-2 所示。计量生产调度平台以计量中心生产管理业务为基础，与营销管理系统进行无缝集成，对自动化检定流水线、智能仓储系统进行监控调度，加上电能计量设备统一的技术规范和射频识别（RFID）技术，实现电能计量设备的集中采购、智能立体仓储、统一检测/检定、智能物流配送以及运行监控的全生命信息化管理。

下面对计量生产调度平台各业务环节、各功能模块的管理模式进行阐述，主要分为集中采购、集中检定、统一存储、统一配送、计量资产全生命周期监控、生产管理、计量技术监督管理七个部分。

图 2-2 计量生产调度平台总体架构

1. 集中采购

电能表、互感器、采集终端等计量设备将集中在计量中心进行采购、到货验收、检定/检测、存储，并统一调拨配送，实现检定与采购、存储、配送的规模化效益。集中采购环节具体的业务需求如下。

（1）定额需求。根据年度项目、业扩、故障等业务需求，编制年度计量物资储备定额需求。按照公司物资储备金、周转率确定定额。

（2）年度采购需求计划。收集各地区供电公司计量物资采购年度需求、结合计量中心库存情况，提出公司年度招标采购需求计划与采购资金计划，向物资部门提出招标采购需求，签订物资采购框架合同与技术协议。

（3）采购管理。按照库存、储备定额、设备的生产周期、领用需求进行物资需求分析，生成订单需求。

（4）到货计划。计量中心根据月度需求预测和合同信息编制到货计划、供货通知，通知供应商按照要求及时供货。

（5）到货验收。在供应商供货完成后开展到货登记和资产预建档工作，依次开展扫码核验、到货验收、首检验收。到货验收合格后出具验收合格报告，生成正式资产档案，到货验收结论信息、抽样检定检测结果信息、正式档案信息同步至营销管理系统。首检验收合格，首检验收结论信息、首次检定结果信息也同步至营销管理系统。到货验收、首检验收不合格则执行不合格设备退换货流程。

（6）退换管理。到货验收、首次检定确定为不合格的批次或设备，统一由计量中心与生产厂家进行整批/部分退换。

2. 集中检定

按照省公司物资集中检定要求，省电力公司采购的所有电能计量设备将集中在计量中心进行逐只首次检定，地市供电公司负责计量设备的现场安装、检测、周期性抽检、临时检测、报废等工作。集中检定环节的具体的业务需求如下。

（1）编制检定计划。综合到货计划、库存信息、检定能力、储备定额、地区供电公司计量物资月度需求预测等因素，确定月、周检定计划。

（2）编制差异化检定方案。综合考虑费率、时段等政策性差异配置参数，编制差异化检定方案。

（3）分配检定任务。综合周检定计划、各检定线检修计划等因素分配检定任务，指明具体检定日期、检定人和检定线。

（4）执行检定任务。执行具体首检任务，检定任务完成后，检定不合格可进行不合格设备复检。复检不合格启动退换处理流程，并开展电能计量设备质量事件处理。

（5）首检信息及首检结果信息同步。自动化检定流水线在检定完成后，将检定检测结果信息上传计量生产调度平台，完成检定结果分析。计量生产调度平台将法定计量器具（电能表、互感器）检定过程的原始数据信息全部传递至营销管理系统，将其他设备的分项总结论信息传递至营销管理系统，并将首检分析结果信息同步至营销管理系统。

（6）现场检测。省网关口计量装置（220kV及以上互感器）由计量中心负责现场检测检验，平台需具备档案信息录入、周期检验情况跟踪、检验数据录入或导入功能。

3. 统一存储

电能计量设备到货验收及完成省级集中检定后，集中统一存储在省级计量中心的智能立体化仓储库内，智能立体化仓储系统与自动化检定系统通过输送系统实现自动接驳，实现了工业化、自动化、流水线化的作业模式，降低生产成本，提高生产效率，提升存储质量与管理水平。该环节的具体的业务需求如下。

（1）移库管理。对到货的计量设备按批次验收合格后办理入库手续，建立储位信息。按领用需求对计量设备进行配送移出，生成配送任务。对于检定不合格需退换的物资进行分区存储，并办理退换货及立库移出，待退换货完成并重新验收、检定合格后，重新办理立库移入。

（2）库存盘点。按照物资部门管理要求开展实物盘点对账。

4. 统一配送

根据地市供电公司对电能计量设备的需求，编制物资供应及配送计划，安排物流部门进行配送。其具体的业务需求如下。

（1）编制配送计划。综合地市供电公司月度需用计划、库存、检定能力、配送地点等因素制订配送计划，并根据紧急情况分为一般配送计划和紧急配送计划。

地市供电公司根据计量中心周配送计划、紧急配送计划，填报计划匹配项目信息，反馈至计量中心后，由计量中心出具调拨单与出库单信息，送至计量生产调度平台办理出库。

（2）编制配送任务。综合配送计划、地区供电公司月度需用计划、库存监控情况等因素制订配送任务。

（3）执行配送任务。计量设备配送至各地市供电公司，各地市供电公司负责配送至各自管辖区域施工现场仓库或计量智能周转柜。对于各地区供电公司的紧急用表需求，经需求单位、计量中心相关人员审批后由计量中心配送。

5. 计量资产全生命周期监控

从计量资产的长期效益出发，充分发挥管理集约化的优势，全面考虑计量设备采购、验收、检定、仓储、配送、领用、安装、运行、拆除、鉴定报废等十个环节全生命周期监控，进而提高电能计量资产的使用效率，降低运营成本，提高计量资产管理的标准化、精益化和自动化水平。

计量资产全生命周期监控涉及设备范围包括计量资产设备（含电能表、互感器、计量自动化终端等）和用户资产设备。该环节的具体业务内容如下。

（1）全生命周期整体展示。综合分析计量设备十大环节业务数据，以资产状态整体情况、年度计量生产情况、资产质量情况、资产运行情况等为主题，通过数据收集、分析计算，以图表可视化方式直观展示各类计量设备全局的状态情况。

（2）全生命周期状态监控。根据采购、验收、检定、仓储、配送、领用、安装、运行、拆除、鉴定报废等十个环节中产生的不同设备状态及流转情况，对全过程数据进行统计分析，依据省公司的管理要求，对异常状态数据进行报警监控，对异常环节进行分析展示。

（3）全生命周期质量分析。通过对单个计量资产、批次计量资产的质量情况进行多维度（生产厂家、技术条件等）的数据计算和综合分析，为计量资产全生命过程质量管控决策提供合理的数据分析支撑，科学、直观、精确地对设备产品质量及供应商进行评价分析，为设备质量管控和质量提升提供决策参考。

6. 生产管理

在电能计量设备自动化检定系统投运后，须对生产设施和生产环境运行状况进行现场巡检和实时监控，密切关注设备设施的生产运行情况，对故障进行及时抢修处理，并根据运行情况动态生成周期检修计划和检修方案，保证生产设备、设施运行状态良好。

生产管理的范围包括电能计量设备自动化检定系统的运行监控、现场巡检、定期维护、故障检修、生产设备资产管理等。

（1）运行监控。

1）设备运行监控：根据生产计划和紧急情况对设备进行启停控制，通过系统对自动化检定系统的生产设备和环境状态进行监测，发现异常情况和告警信息派发工作任务给现场巡检人员或检测人员。对库房、地市供电公司周转仓计量设备的库存信息进行监控。

2）计划/任务监控：对需求计划、到货计划、检定计划、配送计划、检定任务、移出任务、移入任务、配送任务的执行情况进行监控，并以图表方式实时监控生产计划和任务的完成情况。

3）库存信息监控：对省级计量中心库房、地市供电公司周转仓计量设备的库存信息进行监控。

（2）现场巡检。根据巡检计划和任务内容，对生产设备和生产场所进行定期巡视，检查关键设备、区域和部件是否运行正常，将巡检情况反馈给运行监控人员。根据运行监控人员发现的异常情况进行有针对性的现场检查和异常处理。

（3）定期维护。根据设备运行维护要求，定期对设备进行清洁、紧固和润滑，定期对设备进行检查、检测，定期更换易耗品和易损部件，保证设备始终保持在良好的运行状态。

（4）故障检修。制订设备检修计划，对设备异常情况进行检修，恢复到正常运行状态。在设备发生故障时，对设备进行抢修，尽快修复设备故障，投入生产运行。

（5）生产设备资产管理。对生产设备、备品备件进行台账管理。根据运行异常和故障情况，评估、申请和开展设备技改大修计划，根据备品备件和易耗品使用情况，定期购置补充备品备件和易耗品。

7. 计量技术监督管理

计量技术监督管理主要包括计量体系管理、设备质量监督、量值传递管理。省级计量中心负责对各供电公司电能计量实验室、计量多功能检定单元、检定人员和检定印证等进行统一管理，开展计量设备招标送样检测、运行质量抽检等质量监督工作，以及临时检定和委托检测工作，并实现信息化管理。其主要业务需求如下。

（1）计量体系管理。对公司内计量实验室进行统一管理，维护实验室管理体系文件，每年组织对实验室环境、人员和设备进行检查，做好实验室计量授权复查。监督管理公司内部量值传递工作，统一开展装置建标、复查，开展标准更换、维护，做好计量印证管理，未经省质监局批准的计量标准不得用于计量器具检定工作，未在检定有效期的计量标准不得用于电能表、互感器检定、检验工作。开展计量人员岗位技能培训，组织人员参加持证考核，实现所有计量检定人员持证上岗。

（2）设备质量监督。按照省公司电能计量设备招标采购工作安排，开展招标前送样检测工作。对中标供应商，在供货前进行抽样检测，检测合格才能供货。每年对运行中计量设备按供货厂家、年份等抽取一定数量，开展运行质量抽检，结合现场运行故障情况，对设备运行质量进行综合评价分析。接受客户临时检定、检测或设备厂家委托检测申请，开展相应检定、检测工作。

（3）量值传递管理。主要开展计量标准设备年度送检及现场检测工作，以及实验室检定/校准过程管理、报告出具管理等工作。

2.2.2 智能仓储系统

智能仓储系统是省级计量中心电能计量设备的信息化、智能化、立体化物资仓储管理系统，作为电能计量设备自动化检定系统的重要组成部分，承担计量装置的存储、调配以及运输等功能，实现了省电力公司电能计量设备的物资集约仓储管理。

智能仓储系统由管理层、传输层、执行层组成。管理层为智能仓储系统管理平台，接收计量生产管理平台下达的出入库任务，对整个智能仓储系统进行管理和控制，并将出入库结果上报生产管理平台。传输层为输送单元，完成电能计量设备在出入库过程中的输送和定位。执行层由若干功能单元构成，执行智能仓储系统管理平台指令，实现对电能计量设备的自动存储、自动出入库等。智能仓储系统与计量装置检定系统通过计量生产调度平台和物资输送系统实现自动无缝对接。

电能计量设备在智能立体化仓库内按需要自动存取，并与生产配送环节进行无缝对接，实现了电能计量设备物流的自动化、智能化、标准化、流程化。提高电能计量设备的周转、存储、配送效率，提升仓储管理水平，规范仓储作业流程。智能仓储系统整体示意图如图2-3所示。下面对该系统的组成及各主要部分进行介绍。

图 2-3 智能仓储系统整体组成示意图

1. 智能仓储系统功能区及组成

智能仓储系统按照业务功能分为库前区、库区、自动检定试验室楼层接驳区、气源系统、电气控制系统和立库管理系统等部分。

（1）库前区。该区域主要实现电能计量设备的来货接收/配送、身份识别及绑定、自动拆/叠盘机、大批量出入库缓存等功能。主要包含辅助搬运叉车、输送线体、信息识别、拆/叠盘机等设备。

（2）库区。库区主要用于存储各种状态的电能计量设备。库区主要包含立体货架、堆垛机、钢平台等设备。

（3）自动化检定实验室楼层接驳区。该区域通过输送带实现待检/已检电能计量设备与自动化检定系统的无缝对接，将电能计量设备输送至各自动化检定流水线，再将检定完成的电能计量设备输送回库区并自动码存入立体货架。自动化检定实验室楼层接驳区主要包含输送线体、身份识别设备和异常处理口等。

（4）气源系统。气源系统为自动拆/叠盘机和自动化检定系统等提供气压动力，满足系统使用需求。气源系统主要包含空气压缩机、干燥机、储气罐、输气管道等。

（5）电气控制系统。电气控制系统实现堆垛机、自动拆/叠盘机、输送线体、身份识别及绑定等设备的电气控制功能。电气控制系统主要包含PLC、配电柜、分控柜、人机界面、操作按钮等。

（6）仓储管理系统。仓储管理系统由仓库管理系统（warehouse management system，WMS）、仓库控制系统（warehouse control system，WCS）接口组成。主要具备入库管理、出库管理、存储管理、库存管理、信息查询、报表管理、安全管理等信息化管理功能。

2. 主要设备及功能

（1）输送系统。输送系统包含库前输送系统、皮带输送系统、检定流水线接驳输送系统，一般采用辊筒输送方式，主要实现电能计量设备的自动移载和输送。输送系统的现场效果图分别如图 2-4 ~ 图 2-6 所示。

图 2-4　库前输送系统效果图

图 2-5　皮带输送系统效果图

图 2-6　检定流水线接驳输送系统效果图

（2）立体货架。立体货架采用牛腿式组合货架，用于存放电能计量设备，其现场效果图如图 2-7 所示。

图 2-7　立体货架效果图

（3）堆垛机。堆垛机由行走电动机通过驱动轴带动车轮在下导轨上做水平行走，由提升电动机带动载货台做垂直升降运动，由载货台上的货叉做伸缩运动，完成三个自由度的运动，从而实现成箱的电能计量设备由出入库站台自动搬运至立体货架相应货位，或由立体货架相应货位自动搬运至出入库站台，堆垛机可分为单立柱堆垛机和双立柱堆垛机。其现场效果图如图 2-8 所示。

（a）单立柱堆垛机　　　　　　（b）双立柱堆垛机

图 2-8　堆垛机示意图

（4）仓库管理系统。仓库管理系统（WMS）主要负责智能仓储业务管理，如任务管理、库存查询以及相关其他报表查询。根据任务生成分段指令并下发给仓库控制系统。

仓库管理系统的主要功能模块如下。

1）相关基础数据的维护：库房管理、库区管理、货架管理、仓位管理、站台管理、出入口管理、巷道管理等。

2）任务监控：对待执行、执行中、已经完成的任务进行监控。最核心的是执行中的任务监控。

3）仓位监控：主要监控某一排货架的库存情况。

4）四大主任务流程：新品入库任务、本地出库、检定出库、检定回库。

5）各模块的日志记录和异常分析：提供系统日志的界面，按照各个功能模块划分日志区域，根据详细的日志记录可进行异常分析。

6）系统管理：用户管理、角色管理、功能管理、编码管理等。

（5）仓库控制系统。仓库控制系统（WCS）主要接收 WMS 发送过来的指令，并按指令要求将一垛货物搬运到 WMS 指定的位置。主要功能为对整个立体仓储所有的设备进行物流控制。

仓库控制系统的主要功能模块如下。

1）设备管理类：根据各个项目的方案图上的实际设备，进行所有设备对象的创建和映射关联。

2）实际的设备类实现：如各种射频识别（RFID）、长激光、箱条码扫描枪、叠盘机、辊筒线等设备，诸如这些设备都各自实现自身的扫条码等功能业务。然后通过设备管理类进行串联。所有设备的工作日志都要求记录得非常详细，是分析异常的重要证据。

3）OPC 读写操作类：通过对 OPC 写数据库（data base，DB）块地址，控制设备的物流方向，可以单个或者多个 DB 块地址进行读写。

4）指令分发器：WCS 的核心模块，WMS 向 WCS 下发的所有指令都保存在该类，所有的设备都在该类进行注册，注册信息为入口地址和出口地址，然后指令分发器根据设备的注册地址按照指令的分发逻辑进行指令分发至设备，实际上是根据一段指令将所有设备进行串联，达到所有设备协调工作，实现货物的物流搬运。

3. 智能仓储系统工作流程

智能仓储系统的所有出入库操作均是在计量生产调度平台的调度下，由管理层、传输层、执行层相互配合共同完成。设备出入库作业的完成包括设备实物操作完成与数据信息更新完成两部分。

（1）电能计量设备来货入库流程。

1）工作人员从货车内卸货并把电能计量设备周转箱放在两条伸缩皮带输送线上。

2）利用伸缩皮带输送线上的电能计量设备分别进行信息识别。

3）对于信息识别失败的周转箱单元，从剔出口进入人工异常处理位，进行人工处理，处理完毕回到输送线重新进行信息识别。

4）信息识别成功的电能计量设备周转箱通过输送机自动输送到周转箱接驳口，利用机器人码垛区域进行码垛，在输送过程中由信息自动识别系统记录电能计量设备及周转箱信息。

5）检测合格的电能计量设备垛，输送机和堆垛机通过仓储管理系统分配货位地址并生成入库指令进行入库，设备入库完成重新更新库存。

（2）电能计量设备检定出入库流程。

1）仓储管理系统接到检定系统出库任务后分配货位地址。

2）电能计量设备出库，经过信息自动识别确认后输送到各个检定线，到达各个自动检定流水线或人工多功能检定单元并返回完成标志后完成更新库存。

3）自动检定流水线或人工多功能检定单元检定完毕后电能计量设备回库，经过自动识别系统信息识别后，检定信息存储到仓储管理系统中并对库存进行更新。

（3）电能计量设备配送流程。

1）电能计量设备的配送出库采用周转箱形式。

2）仓储管理系统分配货位地址，生成出库命令，设备出库完成并重新更新库存。

3）对于出库信息有误的，剔出至人工异常位进行处理。

2.2.3 自动化检定流水线

电能表自动化检定流水线是指完成单相和三相电能表及采集终端等电能计量设备自动化输送、检定/检测及数据处理的自动化作业流水线。该流水线由输送单元、上下料单元、耐压检测单元、外观检查单元、多功能检定单元、自动刻码单元、自动贴标单元、数据管理系统等组成，实现电能表自动上料、自动传输、自动定位、自动封印、自动检定、智能装箱等检定作业的全过程自动化、智能化。自动化检定流水线布局如图2-9所示。下面对自动化检定流水线的各个功能单元进行阐述。

图 2-9　自动化检定流水线布局图

1—仓储接驳单元；2—上料单元；3—输送单元；4—耐压单元；
5—外观检查单元；6—自动挂表单元；7—多功能检定单元；
8—刻码单元；9—贴标单元；10—下料单元

2.2.3.1　输送单元

输送单元作为自动化检定流水线的传动机构，是组成搬运和测试系统的传送平台。它适用于要求精密定位的工位，或者是用于建立半自动或全自动系统。在自动化检定流水线运行过程中，输送线完成对周转箱输送和电能表输送的功能。

1. 设备组成及功能特点

整个自动化检定流水线中，输送装置由两种不同的线体结构组成。

第一种是周转箱输送系统，采用多楔带直流辊筒输送方式，结构简单，能够承受较大的冲击载荷。辊筒式输送线示意图如图 2-10 所示。其中主要设备为电动辊筒，

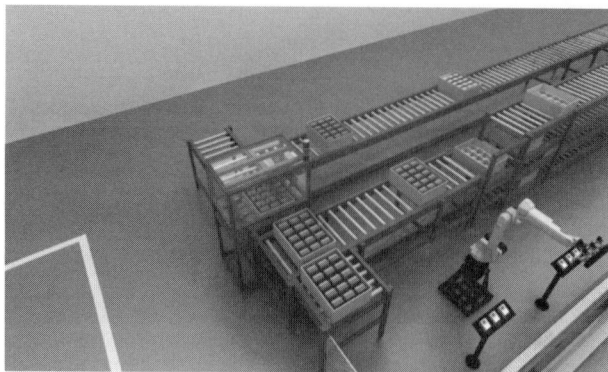

图 2-10　辊筒式输送线示意图

是一种将电动机和减速器共同置于辊筒体内部的新型驱动装置。它主要应用于固定式和移动式带式输送机，替代传统的电动机、减速器在驱动辊筒之外的分离式驱动装置。电动辊筒具有结构紧凑、传动效率高、噪声低、使用寿命长、运转平稳、安装方便等优点，并且适合在各种恶劣环境下工作。

第二种为链板传送线系统，主要用于电能表拖盘的输送，主要由链板、控制电动机、挡停机构构成。链板式输送线示意图如图 2-11 所示。它的特点是设备布局灵活，可以在一条输送线上完成水平、倾斜和转弯输送。同时，链板平坦光滑、摩擦力小，电能表在输送线之间传送过渡平稳。

图 2-11　链板式输送线示意图

输送单元的功能特点：

（1）标准化程度高。在电能表等电能计量设备标准化的基础上，输送机构的设备选用符合 GB/T 10595—2017《带式输送机》、GB 14784—2013《带式输送机　安全规范》、JB/T 7012—2020《辊子输送机》、GB/T 14253—2008《轻工机械通用技术条件》、GB/T 30029—2013《自动导引车（AGV）设计通则》等相关标准要求，并采用标准化设计与制造，各省计量中心的自动化检定流水线建设标准基本一致，容易维护。

（2）运行效率高。输送机构能够完成周转箱输送和电能表输送，输送效率满足自动化检定流水作业的节拍需求，设置有必要的缓冲区，整体实现高效稳定输送。

（3）输送准确可靠。托盘输送线输送到各项目检定、检测单元内的相应表位时能准确定位，具备可靠的制动、限位功能，同时具备传感判断功能，能够识别判断电能表的所处位置和启停状态。配置足够的输入／输出设备与载荷能力，输送单元整体结构紧凑、噪声小、稳定可靠。

（4）信息化与自动化程度高。输送机构具备状态和数据采集功能，在全线体设置状态采集传感设备，有效监测运行位置和运行状态，并实时反馈给管理系统。送线体上配备扫描设备，具有条码或 RFID 功能，可对电能表进行身份识别、验证、自动分拣及多功能检定单元表位绑定。

2. 工作原理

周转箱输送系统的工作原理：如图 2-10 所示，辊筒输送机在水平输送周转箱时，通过驱动装置将动力传给辊筒，使其旋转，通过辊筒表面与周转箱表面间的摩擦力实现对电能计量设备周转箱的输送。输送线各驱动电动机安装有变频器和相应的传感器，对电动机运行情况进行监测，可根据需要调整输送线的输送速度。输送线根据实际布局进行合理分段，按照"用则动、不用则静"的原则进行分段控制。周转箱输送线能够准确输送周转箱至各个工位，当出现输送异常时能够自动报警，异常情况控制系统处理后自动进入后续工位。周转箱输送到位后，上料单元机器人将其抓取至电能表输送线中，开启后续检定流程。

链板传送线系统的工作原理：如图 2-11 所示，链板输送线在输送电能表过程中，根据实际布局进行合理分段，采用电动机分段控制的方法。其通过与控制系统、有轨制导车辆（rail guided vehicle，RGV）机器人配合进行电能表的自动挂表／下料。在电动机驱动力作用下，其连接的齿轮循环往复运动供给牵引动力，链板作为输送过程中的承载体，在牵引力作用下输送待检电能表向前方移动，在不同的检定单元会有挡停机构升起使电能表停止，进行各检定项目的测试。

2.2.3.2 上下料单元

待检电能表通过周转箱输送模块输送至上料单元，上料单元采用机器人完成，自动把待检电能表从周转箱中取出，放入电能表的输送线的托盘中。下料单元根据获取的周转箱箱号，对已完成刻码、贴标的合格电能表进行装箱。装箱完毕，将电能表条码编号与箱号绑定，并将信息上传至检定数据库。同时将完成装箱的周转箱输送至立库。

1. 设备组成及功能特点

上下料单元采用机器人完成，能够自动完成精确定位、抓取、移栽、方向自动识别、定位放置等操作，如图 2-12 和图 2-13 所示。

图 2-12　上料机器人工作示意图

图 2-13　下料机器人工作示意图

上下料机器人主要由关节、执行机构（夹爪等）、控制系统和传感器等组成。关节主要由传动系统、运动轴系、动力传输器、各种传感器等组成。上下料机器人动作灵活，采用气动夹取装置抓取电能表，依靠传感器和程序精准实现电能表抓取和放置全过程。使用的是最常见的六轴机器人，其每一个轴的作用和结构都不尽相同。各轴的运动方式和方向不同。第一轴——旋转轴（S 轴）：S 轴是连接着工作台的主轴，主要作用就是承担整个机械臂的重量，以及绕着底座的竖直方向（Z 轴）左右转动。第二轴——下臂（L 轴）：L 轴的作用是控制机器人整条手臂在工作台 XOY 坐标面上前后摆动和沿着 Z 轴上下运动。第三轴——上臂（U 轴）：U 轴的作用是辅助第二轴控制机器人在 XOY 面上前后摆动，但运动范围要小于第二轴，是控制底座坐标系与末端坐标系的重要中间部分。第四轴——手腕旋转（R 轴）：R 轴是机械臂绕轴旋转的部分，主要是为末端执行机构提供位置转换和力量承接的作用。第五轴——手腕摆动（B 轴）：B 轴的作用主要是控制和调整末端执行机构的转动，通常当电能表被手爪抓取时，机械臂可以通过第五轴控制电能表翻转。第六轴——手腕回转（T 轴）：T 轴的主要作用是控制末端执行机构360°旋转，可以通过旋转第六轴来实现电能表多方向的抓取。

上下料单元的主要功能特点：

（1）上下料准确可靠。上料的动作定位精准，可准确无误将电能表从周转箱中取出放入自动化检定流水线输送装置，下料动作亦然，同时上下料动作节拍满足自动化检定需求。

（2）兼容性强。当电能表在周转箱中摆放的位置稍微偏离机器人程序设置时，机器人气动夹取装置的抓取力度设置有一定冗余，仍然能够完成正常的上下料动作。同时在抓取不同类型的电能表时，均保证不出现掉表、定位失效等情况。

（3）安全性高。上下料单元在动作过程中机械臂摆动幅度较大，若碰到工作人员会造成人身伤害，因此上下料单元设置光栅感应器，一旦感应到人员靠近，动作自动停止，保障人身安全。

（4）空箱利用率高。当一个检定任务即将完成时，同一任务的电能表，最后只允许出现一个合格不满箱和一个不合格不满箱的情况，其他空箱在下料时必须装满箱才能结束下料流程，并自动输送至智能仓储系统。

2. 工作原理

在设备上料时，通过定位系统对周转箱进行精准定位，机械手利用吸盘海绵从纸箱中取出待检的电能表，放到中间表计缓存区，然后经二次抓取后放至托盘，取完表后的空箱由提升机输送至空箱缓存区。电能表上料完成后随着托盘流转至耐压检测单元，开始进行耐压试验。

在设备下料时，空箱在空箱缓存区由提升机输送至下料区域，并通过定位系统对周转箱进行精准定位，机械手利用吸盘海绵从托盘取出待检电能表，放到中间表计缓存区，然后经二次抓取后放至周转箱。电能表下料完成后随着周转箱输送至智能仓储系统。

2.2.3.3 耐压检测单元

检定系统将待检电能表自动输送至耐压检测工位时，挡停机构对电能表进行挡停，自动完成电能表耐压检测。全自动的耐压检测流程，包括自动挡停，顶针自动压接，自动加电，耐压仪自动升压，测试完成自动降压，自动退出顶针，自动判定试验结果，自动读入检定检测方案并开展测试，完成电能表检定规程及规范规定的交流电压试验，自动判断检定结果并将检定数据存储、上传。

1. 设备组成及功能特点

耐压检测单元主要由多表位程控交流耐压仪、漏电流检测仪、接驳端子、工业控制计算机及其他相关配套设备组成，示意图如图 2-14 所示。

图 2-14 耐压检测单元示意图

耐压检测单元的外形、结构、尺寸应与检定检测系统整体设计有效集成，结构稳定、工艺美观，耐压仪能方便拆卸，试验中不应出现闪络、飞弧和击穿。各单元之间预留足够缓存位置，实现最大的检测效率。正常时并行运行，当某一套耐压检测单元出现故障时，其他耐压检测单元能正常运行，不影响检定检测系统运行。

耐压检测的方法、接线方式等具体要求及测试方法应完全符合 JJG 596—2012《电子式交流电能表》对交流电压试验的要求。不同类型的待检对象对应不同的耐压值，切换耐压值时保证试验单元安全、稳定、可靠，并具有自检功能，保证切换后的耐压值符合实验要求。

耐压检测单元的主要功能特点：

（1）安全系数高。由于耐压检测要升压至千伏级，试验对人身安全有防护要求，装置设置安全防护罩，与外界有效隔离，设置门控开关并与电源闭锁，配装电气辅助触点，当打开防护罩时，自动切断电源。

（2）便于装拆。耐压检测单元中的耐压仪每年要进行标准量值溯源，确保其准确度符合要求，同时还要定期进行维护保养，因此其结构与尺寸虽是检定系统整体设计，但并未固定安装，便于安装和拆卸。

（3）抗干扰性强。耐压检测单元低端单独可靠接地，不与其他检定单元共用一根接地线，防止所产生的高压对其他装置产生干扰。耐压仪低端单独接地，防止所产生的高压对其他设备产生干扰。

2. 工作原理

在进行耐压检测时，由耐压仪产生设定的高电压加在被测电能表上，持续一段规定的时间，然后通过测试回路中的漏电流值的大小来检测电能表的耐电压能力。如果在规定时间内漏电流值保持在规定的范围内，并且过程中未出现放电、击穿现象，则可认为电能表具有足够高的绝缘性能。

在应用中，耐压仪采用程控式，可以在工业控制计算机上设置试验电压值及电压持续时间。试验过程中，耐压仪能对每个表位的泄漏电流进行检测，当泄漏电流大于预先设置的击穿报警电流时，自动切断该表位的试验电压，并指示该表位耐压击穿，其他未击穿表位继续耐压试验。漏电流检测仪在耐压试验时，高压继电器吸合，表位上施加高压，漏电流检测仪实时检测每个表位的漏电流，一旦出现漏电流超过阈值，立即控制高压继电器切断该表位的高压回路，指示灯发出红色报警信号并将检测结果上传系统。试验完成后，检定软件可以读取各表位的耐压结果，上传至系统。随后电能表随着托盘进入外观检查单元，开始进行外观检查。

2.2.3.4　外观检查单元

外观检查单元对电能表的外观尺寸、铭牌信息与液晶显示、指示灯等外观信息进行拍照识别，经图像处理软件与标准外观模板进行对比，自动判断被测表计是否合格，并将判别结果上传至检定数据库。

1. 设备组成及功能特点

外观检查单元由工业相机、用于装置运动的驱动机构、加电控制单元和图像信息处理软件等部分组成，其中工业相机和图像信息处理软件为核心部分，通过拍照和图像识别，实现待检表计外观和显示信息提取的作用，根据 JJG 596—2012《电子式交流电能表》中外观测试方法判定其合格与否，如图 2-15 所示。

图 2-15　外观检查单元示意图

外观检查单元的主要功能特点：

（1）检测速度快。外观检查单元能够快速完成电能表的信息提取，并判别合格情况，检测效率满足自动化检定的节拍需求。

（2）拍摄清晰。装置配备高清的工业用相机，能够自动拍照，成像清晰无误，确保外观信息提取符合真实情况，不会出现因拍照问题导致程序误判的情况。

（3）图像识别算法准确率高。装置能够根据电能表条码信息自动查询系统数据库，加载被测表计的标准外观模板，利用先进的图像识别算法，准确判别比对拍照图像和标准模板的一致性，完成电能表的外观、铭牌标志、液晶全屏显示和指示灯检查。

2. 工作原理

该单元主要利用配备的工业相机，配合自动接线机构。自动接线机构能够对电能表自动加电，工业相机自动拍照，结合先进的图像处理软件算法，实现对电能表的外观检查。通过定位系统对托盘进行精确定位，由顶升将托盘抬起，自动压接装置将托盘上电能表的电压、电流、辅助端子可靠压接，外观检查单元配有工业级高清数字相机，电能表通电后，将液晶上显示的数字、字符与数据库中储存的模板进行对比，检查是否有缺漏、铭牌上的关键字段是否完整，并将电能表外观检查的数据和结果传输至信息管理系统并实时刷新。

2.2.3.5　多功能检定单元

外观检查合格的电能表进入多功能检定单元，自动完成智能电能表规定项目的检定。不同流水线的多功能检定装置可实现单相电能表、三相电能表（含直接式和经互感器式）的检定。

1. 设备组成及功能特点

电能表多功能检定单元主要由信号源、标准电能表、功率源、时钟仪、工业控制计算机等组成，如图 2-16 所示。其中标准电能表是多功能检定单元的主标准器，作为关键组成部分，它用来测量电能表误差，一般由电压输入模块、电流输入模块、乘法器模块、数字信号处理单元、误差处理模块以及显示模块组成。

多功能检定单元的主要功能特点：

（1）自动化程度高。检定检测装置采用程控式设计，利用计算机控制，自动完成电压、电流、相位的升降／调节和各个检定检测项目，并能选择电压、电流升降模式切换，电压、电流、相位角各量程之间切换时，从原状态直接切换，无须复位到零重新升降。

图 2-16　多功能检定单元结构示意图

1—装置运行灯；2—急停开关；3—压接按钮；4—检定端子；5—时钟仪；
6—信号源；7—标准表；8—功率源；9—多路 TV；10—工业控制计算机

（2）便于升级维护。标准电能表、功率源、时钟仪、工业控制计算机等设备拆接线方便，便于维护保养，同时由于装拆方便，若需要提升多功能检定单元性能，更换标准电能表、功率源等设备即可实现，无须整体更换检定装置。

（3）占地面积小。多功能检定单元采用立式设计，节约占地面积，使得自动化检定流水线的场地能够容纳更多检定装置，提升了整体检定能力。

（4）操作方便。检定软件能够监控检定全过程，可在控制室远程监视，装置异常时能在控制室完成急停等相应操作。

2. 工作原理

根据 JJG 596—2012《电子式交流电能表》，多功能检定单元主要检测电能表的启动试验、潜动试验、基本误差、仪表常数试验、时钟日计时误差等试验。基本误差为关键测试项目，它是在计算机控制下，信号源产生设定的电压、电流信号，并送至功率源，功率源提供被测表、标准电能表所需的电压和电流信号，标准电能表把实际的电能转化为高频脉冲信号并输出至误差系统，误差仪同时接收高频脉冲信号与被检表脉冲信号，并与理论脉冲数比较，得出电能误差，电能误差数据在本地显示，也可由通信读取。所有项目检定完成后，电能表进入后续自动刻码环节。

2.2.3.6 自动刻码单元

当所有项目检定检测完毕后，输送单元将合格的电能表输送至自动刻码单元，进行封印的自动刻码操作，通过操动机构的移动、定位实现刻码。刻码后能自动进行验证，验证合格后把刻码信息和条码信息进行绑定，上传至检定调度平台。

1. 设备组成及功能特点

自动刻码单元由工业控制计算机、型材框架、挡停机构、身份认证识别机构、定位机构、激光刻码机、打标检测机构、急停按钮、状态指示装置和报警装置等功能模块组成。其中激光刻码机为核心组成部分，工作中主要针对刻码的位置和功率进行调节，保证刻码效果清晰、位置正确。

自动刻码单元示意图如图 2-17 所示。

图 2-17 自动刻码单元示意图

自动化检定流水线自动刻码装置采用静止工位打标模式，当传感器检测到托盘到位后，输送线系统提供软件开启信号或 PLC 输出脉冲信号以触发激光打标设备进行打标，并能够进行打印结果检定。

自动刻码单元的主要功能特点：

（1）定位精准。通过定位机构对传送至激光刻码装置的电能表进行精确定位，确定精确的刻码位置。

（2）刻码可靠性高。激光刻码装置调节至合适的功率和焦距，刻出的二维码清晰无误。

（3）运行效率高。针对每只电能表，刻码完成仅需 1~2s，当电能表检定完成需要批量刻码时，能够自动高效完成刻码工作。

2. 工作原理

电能表进入自动刻码单元中的挡停机构，激光刻码机对准电能表的铅封进行激光刻码。针对不合格的电能表不再刻码，直接进入缓存区缓存。激光刻码机中主要功能器件是激光器，激光器根据电源提供的电能产生激光束，通过反射镜以及聚焦镜保持相对尺寸与能量密度不变的光斑，最终聚焦照射到待刻码铅封的表面。电动机驱动激光雕刻头，使其按照雕刻轨迹对铅封进行高速精密的加工和处理。在激光的作用下发生光热（冷）效应，铅封表层物质发生化学或物理变化，而雕刻出需要雕刻的图形。刻码完成后需要进入自动贴标环节，作为电能表检定合格的标志。

2.2.3.7 自动贴标单元

在检定环节的最后，应对检定检测合格的电能表自动进行合格证的打印和贴标，合格证应包括日期、资产号和检定人员等信息。该单元的主要功能是对完成检定的电能表进行自动贴标，并对贴标结果进行核查。

1. 设备组成及功能特点

自动贴标单元主要由型材框架、工业控制计算机、挡停机构、身份认证识别机构、定位机构、贴标机构、贴标检测机构、急停按钮、状态指示装置和报警装置等功能模块组成。其中贴标机构为自动贴标单元的核心组成部分，贴标机构由打印机构和标签粘贴机构两部分组成，打印机构用于在空白标签自动打印合格标志、检定日期等信息。标签粘贴机构能够将打印好的标签吸至标签吸盘，由机械臂推动吸盘将标签粘贴到电能表指定位置。

自动贴标单元示意图如图 2-18 所示。

自动贴标单元的主要功能特点：

（1）贴标可靠性高。贴标吸头采用软性材料，贴标时，合格标签充分按压表壳，确保标签纸粘贴牢固。同时配置图像识别装置，实现贴标验证功能，可对贴标的完好性及合格证信息的正确性进行核查，避免出现错贴、漏贴、合格证信息打印错误等情况。若出现贴标不成功情况，电能表会回流至缓存单元，再次贴标。系统控制软件中应保存错误记录。

（2）运行效率灵活可控。贴标单元调节的贴标效率适应自动化流水线输送电能表节奏，同时设置了备用贴标机，当大批量电能表需要贴标时，可同时运行，提升自动贴标效率。

图 2-18 自动贴标单元示意图

2. 工作原理

贴标过程可以概括为取标、标签传送、印码、贴标。合格标签先由取标装置从中取出，再传递给传送标签装置传送，通过使用碳带，打印当天日期和检定员编号，并通过定位装置、信息管理系统配合，进行自动贴标操作，不合格的电能表不再贴标，直接进入缓存区缓存。当贴标完成后，电能表进入下料环节，下料后随着输送单元回到立库。

2.2.3.8 数据管理系统

数据管理系统主要是对自动化检定流水线整个系统进行管控，以下主要针对系统架构、总控服务器及自动化检定控制系统进行介绍。

1. 系统架构

系统以面向服务的系统架构（service-oriented architecture，SOA）的设计理念，按照业务展现层、业务流程层、服务层、组件层和资源层进行划分，实现多层技术体系设计，通过服务总线实现系统各组件在系统内协同工作、在各层次上集成，实现重用，以满足在省公司范围内不同职能层次的管理业务需求，为业务人员提供技术先进的工作平台和灵活的业务构造能力。系统架构参考的 SOA 逻辑模型示意图如图 2-19所示。

在架构具体实现方案方面，系统采用多层分布式体系架构，充分利用中间件集群技术实现计量终端的数据采集、处理和应用功能，确保系统架构具有良好的性能，数据管理系统逻辑架构图如图 2-20 所示。

图 2-19 SOA 逻辑模型

图 2-20 数据管理系统逻辑架构图

数据管理系统中各部分功能如下。

（1）前端：对于数据采集平台，前端指的是线体和功能单元，与系统后台通过规约方式交互数据，终端数据采集与规约解析处理分离，提高数据采集速度和规约解析速度。系统采集数据并完成规约解析后，采用加密口令方式，上传分发至生产库；其余的管理功能，前端指的是用户交互界面，采用 JSP 或者 EXT 技术在浏览器中进行展现，配合 AJAX 组件实现 RIA；Web 层采用 SERVLET 技术响应前端请求，SERVLET 实现对 HTTP（S）数据到 JAVA 类的转换，然后调用后台服务，返回前端，前端和后台通信采用 HTTP 协议，进行图形、图表的展现。

（2）接入层：对于数据采集平台，通过配置前置机集群接入线体、功能单元数量，以及所需的采集数据量、所用的通信方式，实现统一的采集任务调度，各数据前置采集服务器统一管理，按照设定的采集方案，系统生成定时任务自动数据采集，同时实现负载均衡和互为备用；对于其余的管理功能，接入层通过 Web 应用集群实现操作员对系统的访问接入，建议采用硬件的负载均衡设备（如 F5 或 ARRAY）确保高并发下的系统性能。

（3）后台：采用中间件构建业务模块，在需要高可靠服务和高性能计算的数据采集方面用 C++ 语言实现；对需要灵活业务处理和个性化需要的管理功能模块，采用 JAVA 语言实现。后台由服务组件层和数据存储层组成。

1）服务组件层。核心业务及数据处理被封装成具备独立事务的服务组件，分别部署到采集平台中间件或 JAVA 组件服务器，对外提供统一的调用接口，响应接入层的调用请求。组件层对各类服务组件进行部署及管理，为适应各种复杂应用及高并发的实时服务请求，服务组件层可根据实际运行情况实现按业务分类、并发量或响应速度进行服务器级别重组或服务器内动态重组，针对实时业务系统的高可靠特性，服务组件层支持动态在线增加服务器，或动态在线增加服务器内运行的服务组件，真正实现 $24\text{h} \times 7$ 的不间断服务。

2）数据存储层。数据存储层负责整个系统的全业务数据存储，是系统中数据量最大、I/O 最频繁、最影响系统性能的一层，通过良好的服务设计可实现服务组件层无数据表级别关联。

2. 总控服务器

总控服务器由主程序和多个功能模块组成。主程序为各模块提供运行框架，各个功能模块相互独立，完成各自的功能。总控服务器框架示意图如图 2-21 所示。

图 2-21 总控服务器框架示意图

（1）基础类库模块：包含通用的变量、枚举、数组、链表、事件等所有定义的信息，以及一些通用的控件库。

（2）通用方法模块：包含通用的处理函数、方法等。

（3）数据库通用模块：封装了数据库处理的相关操作及方法。

（4）通用协议模块：封装了 PLC 协议、检定专机、装置等所有协议的定义及分解、合成操作等。

（5）Web 显示接口模块：封装了 Web 调用的功能接口，包括参数配置、装置信息显示等。

（6）后台管理接口模块：总控管理功能的封装接口，便于用户查询、管理总控功能。

（7）PLC 通信模块：处理、管理与 PLC 有关的连接及功能处理信息。

（8）专机通信模块：处理、管理与检定专机有关的连接及功能处理信息。

（9）贴标机处理模块：处理、管理与贴标机有关的连接及功能处理信息。

（10）生产管理系统接口模块：处理、管理与接口生产管理系统有关的数据传输及命令调用。

3. 自动化检定控制系统

自动化检定控制系统具备任务管理、系统监控、系统各模块的控制与协调功能，实现控制软件与检定软件的信息交互、检定系统与计量生产调度平台（measurement of integrated production dispatching system，MDS）的信息交互等功能，实现电能表检定、检测作业的全过程自动化，包括支撑管理、系统管理、日志管理。

系统检定流程如图 2-22 所示，整个流程由自动化检定控制系统控制。

控制系统具有信息查询、运行监控、运行控制等功能。

（1）信息查询。管理、查询流水线检定系统的所有相关表计、任务等信息。

1）表状态查询：查询表计的检定状态、数据等信息。

检定流程

MDS	智能仓储和输送	检定/检测系统

1. 计划编制

2. 计划分解

3. 任务制订

4. 任务分配 → 1. 检定任务发送接口 / 2. 就绪状态反馈接口

5. 出库任务下达　6. 检定任务下达 → 8. 就绪

9. 接收出库反馈 ← 7. 出库并反馈出库明细

1. 垛送达接口 / 2. 周转箱位置传感接口

1. 出库数据上传接口

10. 输送 → 11. 出库

14. 上料信息　13. 获取箱号 ← 1. 获取箱号接口 → 12. 信息核对

再次要料（缓存不足）

1. 出库数据发送接口 / 2. 上料启动接口 → 15. 上料

1. 再次要料接口

16. 耐压

17. 外观检查

19. 查询待检器具参数 ← 1. 查询待检参数接口 → 18. 检定

20. 激光刻码

21. 自动贴标

1. 封印信息上传接口
2. 外观检查数据上传接口
3. 耐压相关数据上传接口
4. 检定相关数据上传接口
5. 组箱信息上传接口

22. 下料

24. 接受相关接口数据信息 ← 23. 组箱、数据上传

1. 入库任务发送接口 / 2. 装箱数据发送接口

26. 入库任务下达　27. 输送　25. 回库

1. 周转箱位置传感接口

29. 接收入库反馈　28. 入库并反馈

1. 入库数据上传接口

任务结束

结束

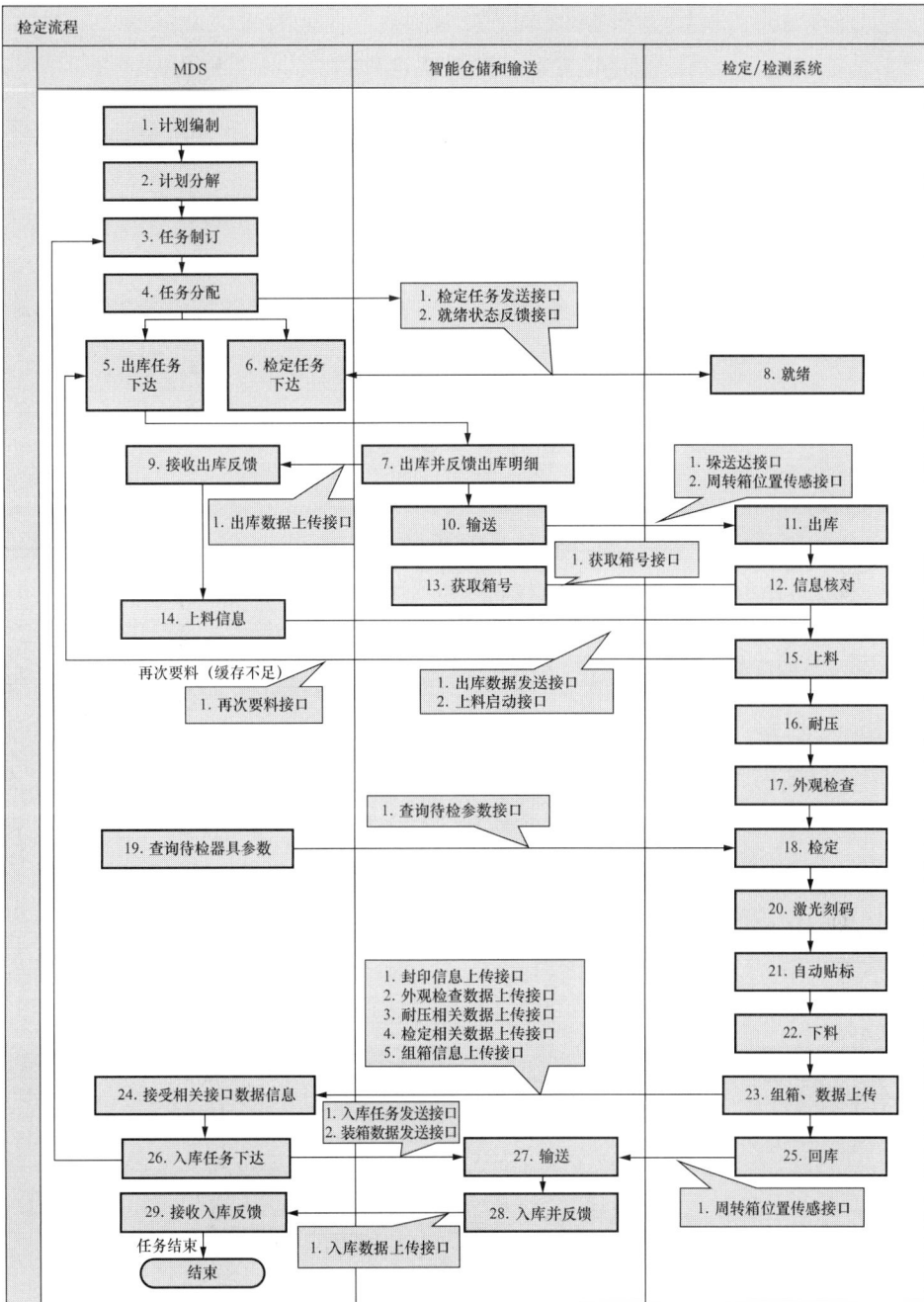

图2-22 系统检定流程图

2）系统异常查询：查询系统中出现的各种异常信息，并有相应的提示信息。

3）任务信息查询：查询所有检定任务的相关信息。

（2）运行监控。系统提供的用来监控、管理总控系统的接口服务。

1）总控维护：维护监控接口参数、配置信息。

2）专机监控：监控各个专机的状态及检定情况。

3）单元监控：监控具体检定单元的运行信息、检定数据等。

（3）运行控制。系统进行检定管理，同时对各专机运行状态进行控制。

1）检定管理：接收、执行、终止各检定任务。

2）专机控制：控制各检定单元进行检定，比如各检定单元故障，可重新复位各单元运行状态，继续进行检定。

2.3 电能计量设备自动化检定业务流程

应用计量生产调度平台、智能仓储系统和自动化检定流水线，实现电能计量设备出入库、检定、配送的智能化业务流程管理，下面对三个业务流程进行介绍。

2.3.1 检定出入库流程

待检电能计量设备到货后，需要到智能仓储系统的货位上进行储存，采用伸缩输送机将周转箱装入周转箱库。做检定任务涉及电能计量设备的检定出库和检定入库。检定出库是指待检定的电能计量设备安排检定任务后，从货架输送至相应的自动化检定流水线的作业过程。检定入库是指检定完毕的电能计量设备，从自动化检定流水线输送至货架的作业过程。

具体检定出入库流程如图 2-23 所示。

图 2-23 检定出入库流程图

具体来说，首先需要在计量生产调度平台制订电能计量设备的检定任务，自动化检定流水线接收并执行检定任务。然后智能仓储系统接收到自动化检定流水线的设备出库申请，待检设备从智能仓储系统输送至自动化检定流水线，同时传送出库设备信息。接着自动化检定流水线开始进行各测试项目的全流程检定，检定完成后将待检设备的入库信息传送至智能仓储系统。最后随着输送线回流至智能仓储系统分配的货位上，检定任务结束。

2.3.2 自动化检定流程

在待检电能计量设备检定出库和检定入库环节之间，是其自动化检定过程。这里主要是依据 JJG 596—2012《电子式交流电能表》，在自动化检定流水线开展规程规定检定项目的全自动检定，具体自动化检定流程如图 2-24 所示。

图 2-24 自动化检定流程图

具体来说，待检电能表从智能仓储系统出库至自动化检定流水线后，首先自动上料单元将待检电能表从周转箱抓取至输送线的托盘上，然后托盘随着输送线输送至耐压检测单元，测试完成后随即进入外观检查单元进行外观检查。接下来分配至多功能检定单元，开展多种检定项目的检定，如启动试验、潜动试验、基本误差试验、常数试验等测试项目。项目检定完成后进入自动刻码单元，在电能表的空白铅封上刻二维码，完成后进入自动贴标单元，在电能表的指定位置贴上合格标签。最后输送至自动下料单元，将其从托盘放入周转箱中，并将电能表的检定结论上传至计量生产调度平台，输送回智能仓储系统。

2.3.3 配送流程

配送是指根据各地区电能计量设备需求，将检定合格的电能计量设备从智能仓储系统配送至各需求地区安装应用。需要特别说明的是，少量从现场拆回需要复检的电能表等采用人工检定，检定合格的堆放在平库区域，而不是智能仓储系统的货位上，配送直接由平库配送至各需求地区。这里主要介绍智能仓储系统配送流程，如图 2-25 所示。

图 2-25 配送流程图

具体来说，首先需要根据各地区的电能计量设备需求数量，在计量生产调度平台制订配送任务。智能仓储系统收到配送任务后，将待配送的电能计量设备从库中输送出来，然后集中装入车辆中，运输至各需求地区。

第 3 章

自动化检定流水线关键设备

本章介绍自动化检定流水线的关键设备，主要包括可编程控制器、主要驱动执行部分、位置传感器、工业机器人和机器视觉设备等，重点对这些关键设备的组成、功能特点和工作原理进行说明。

3.1 可编程控制器

在自动化检定流水线的电气控制柜安装可编程控制器（programmable logic controller，PLC），用来对自动化检定流水线各组成单元（如输送单元、耐压检测单元、外观检查单元）的运行过程进行控制，以实现电能计量设备全流程自动化检定的精准控制。本节主要介绍 PLC 的组成、特点及工作原理。

3.1.1 可编程控制器简介

可编程控制器（PLC），被誉为现代工业自动化的三大支柱之一，是在现代工业中使用率很高的数字运算操作电子系统。其内部采用一类可编程存储器用于存储程序，执行逻辑运算、顺序控制、定时、计数与算术操作等面向用户的指令，并通过数字或模拟式输入 / 输出控制各种类型的电气、机械或生产过程。

早期的 PLC 仅有逻辑运算、定时、计数等顺序控制功能，均属开关量控制，只是用来取代传统的继电器控制，所以通常称为可编程序逻辑控制器。后来 PLC 厂家逐步增加了模拟量运算、比例 - 积分 - 微分（proportion integral differential，PID）功能以及更可靠的工业抗干扰技术等功能，并随着网络化的需求增加了各种通信接口。

随着技术的进步和工业自动化技术需求的不断增加，PLC 总的发展趋势是向高速度、高性能、高集成度、小体积、大容量、信息化、标准化、软 PLC 标准化以及与现场总线技术紧密结合等方向发展。在工业 4.0 的时代背景下，伴随着现场总线技术和以太网技术的发展，PLC 的应用范围越来越广，被用于新兴市场（如电子制造、工业机器人、数控机床等）和需要升级改造的传统行业（如包装、纺织、食饮等）。在智能制造领域 PLC 也有很强的需求，它通过编写的程序软件来协调控制工业机器人的动作及与生产线其他机器的配合。

根据功能不同，PLC 一般分为低档、中档及高档三类。低档 PLC 仅具备逻辑运算功能，如定时、计数、移位以及自诊断、监控等；中档 PLC 增加了较强的模拟量输入 / 输出、数制转换、数据传送和比较、算数运算、远程 I/O 及通信联网等功能，适用于较为复杂的控制系统；高档 PLC 包含了函数的运算（如矩阵运算、位逻辑运算、平方根运算及其他特殊功能函数运算）、制表及表格传送功能等，可用于大规模过程控制或构成分布式网络控制系统。

　　PLC 技术之所以高速发展，除了工业自动化的客观需要外，主要是因为它具有许多独特的优点，较好地解决了工业领域中普遍关心的可靠、安全、灵活、方便、经济等问题。PLC 主要有以下特点。

1. 可靠性高

　　高可靠性是 PLC 最重要的特点之一。PLC 的平均无故障时间可达几十万个小时，之所以有这么高的可靠性，是因为它采用了一系列硬件和软件的抗干扰措施。

　　硬件方面，电路采用一系列的抗干扰技术，对所有的 I/O 接口电路均采用光电隔离，有效地抑制了外部干扰源对 PLC 的影响；对供电电源及线路采用多种形式的滤波，从而消除或抑制了高频干扰；对 CPU 等重要部件采用良好的导电、导磁材料进行屏蔽，以减少空间电磁干扰；对有些模块设置了联锁保护、自诊断电路等。

　　软件方面，PLC 采用扫描工作方式，减少了外界环境干扰引起的故障；在 PLC 系统程序中设有故障检测和自诊断程序，能对系统硬件电路等故障实现检测和判断；当外界干扰引起故障时，能立即将当前重要信息加以封存，禁止任何不稳定的读写操作，一旦外界环境正常，便可恢复到故障发生前的状态，继续原来的工作。对于大型 PLC 系统，还可以采用由双 CPU 构成冗余系统或由多 CPU 构成表决系统，使系统的可靠性进一步提高。

2. 功能强大

　　PLC 经过半个多世纪的发展，已经形成了大、中、小各种规模的系列化产品，既可控制一台生产机械、一条生产线，又可控制一个生产过程。除了逻辑处理功能外，现代 PLC 还有逻辑运算、计时、计数、顺序控制等功能，可用于各种数字控制领域。近年来 PLC 的功能模块大量涌现，使 PLC 渗透到了位置控制、温度控制、计算机数控（computer numerical control，CNC）等各种工业控制中。加上 PLC 通信能力的增强及人机界面技术的发展，使用 PLC 组成各种控制系统变得非常容易。

3. 通用性强

　　为了适应各种工业控制的需要，除了整体式的小型 PLC 以外，绝大多数 PLC 均采用模块化结构。PLC 的各个部件，包括 CPU、电源、I/O 等，均采用模块化设计，由机架及电缆将各模块连接起来，系统的规模和功能可根据用户的需要自行组合。用户在硬件设计方面，只是确定 PLC 的硬件配置和 I/O 信道的外部接线。在 PLC 构成的控制系统中，只需在 PLC 的端子上接入相应的输入、输出信号即可，不需要诸如继电器之类的物理电子器件和大量繁杂的硬件接线线路。

4. I/O 接口模块丰富

　　PLC 针对不同的工业现场信号，如交流或直流、开关量或模拟量、电压或电流、脉冲或电位、强电或弱电等，都能选择到相应的 I/O 模块与之匹配。对于工业现场的元器件或设备，如按钮、行程开关、接近开关、传感器及变送器、电磁线圈、控制阀等，都能选择到相应的 I/O 模块与之相连接。PLC 的输入 / 输出可直接与 AC 220V、DC 24V 等负载相连，并具有较强的带负载能力。

另外，为了提高操作性能，它还有多种人机对话的接口模块；为了组成工业局部网络，它还有多种通信联网的接口模块等。

5. 使用方便

大多数 PLC 采用的编程语言是梯形图语言，梯形图与电气控制电路图相似，形象、直观，很容易被广大工程技术人员掌握。当生产流程需要改变时，可以现场改变程序，使用方便、灵活。同时，PLC 编程软件的操作和使用也很简单，这也是 PLC 获得普及和推广的主要原因之一。许多 PLC 还针对具体问题，设计了各种专用编程指令及编程方法，进一步简化了编程。PLC 的用户程序大部分可在实验室进行模拟调试，缩短了应用设计和调试周期。在维修方面，由于 PLC 的故障率极低，维修工作量小。而且 PLC 具有很强的自诊断功能，如果出现故障，可根据 PLC 上指示或编程器上提供的故障信息，迅速查明原因，维修方便。

6. 结构紧凑

PLC 采用了集成电路，其结构紧凑、体积小、能耗低，因而它是实现机电一体化的理想控制设备。同时，PLC 用软件代替了传统电气控制系统的硬件，控制柜的设计、安装接线工作量大为减少。

总之，PLC 是专为工业环境应用而设计制造的控制器，具有丰富输入、输出接口，并且具有较强的驱动能力。PLC 产品并不针对某一种工业应用，在实际应用时，其硬件可根据实际需要进行选用配置，其软件可根据控制要求进行设计编程。

3.1.2 可编程控制器组成

PLC 的硬件主要由中央处理器（CPU）、存储器、输入 / 输出单元、通信接口、扩展接口、电源等部分组成。其中，CPU 是 PLC 的核心，输入 / 输出单元是连接现场输入 / 输出设备与 CPU 之间的接口电路，通信接口用于与编程器、上位计算机等外设连接。

对于整体式 PLC，所有部件都装在同一机壳内，其他结构的 PLC 各部分可根据实际情况进行选择或组合。各种 PLC 外观和结构都有不同，但各部分的功能作用是相同的，下面对 PLC 各主要组成部分进行简单介绍。

1. 中央处理器单元

中央处理器单元是可编程控制器的核心部分，它包括微处理器和控制接口电路。微处理器是可编程控制器的运算和控制中心，由它实现逻辑运算、数字运算，协调控制系统内部各部分的工作。它在系统程序的控制下执行各项任务，其主要任务如下。

（1）用扫描方式接收现场输入装置的状态或数据，并存入输入映像寄存器或数据寄存器；

（2）接收并存储从编程器输入的用户程序和数据；

（3）诊断电源和 PLC 内部电路的工作状态及编程过程中的语法错误；

（4）在 PLC 进入运行状态后，从存储器逐条读取用户指令，执行用户程序，进行数据处理，更新有关标志位的状态和输出映像寄存器，实现输出控制、制表打印或数据通信等。

一般说来，可编程控制器的档次越高，CPU 的位数越多，运算速度越快，指令功能也越多。为了提高 PLC 的性能和可靠性，有些 PLC 上采用了多个 CPU。

2. 存储器单元

存储器单元是可编程控制器存放系统程序、用户程序及运算数据的单元。和计算机一样，可编程控制器的存储器可分为只读存储器（read-only memory，ROM）和随机读写存储器（random access memory，RAM）两大类。PLC 的存储器的特点：可靠性高，实时性好，功耗低；工作时温升小；可用电池供电，数据存储不消失，停电后能长期保存数据，以适应 PLC 恶劣的工作环境和所要求的工作速度。

系统程序关系到 PLC 的性能，是由 PLC 制造厂家编写的，直接固化在只读存储器中，一般为掩膜只读存储器和可编程电改写只读存储器，用户不能访问和修改。系统程序与 PLC 的硬件组成有关，用来完成系统诊断、命令解释、功能子程序调用和管理、逻辑运算、通信及各种参数设置等功能，提供 PLC 运行的平台。

用户程序是由用户根据对象生产工艺的控制要求而编制的应用程序。为了便于读出、检查和修改，用户程序和系统运行中产生的临时数据一般存于随机读写存储器中，用锂电池或电容作为后备电源，以保证掉电时不会丢失信息。为了防止干扰对 RAM 中程序的破坏，当用户程序运行正常、不需要改变时，可将其固化在可擦写可编程只读存储器（erasable programmable read-only memory，EPROM）中。现在有许多 PLC 直接采用可电擦除可编程只读存储器（electrically erasable programmable read-only memory，EEPROM）作为用户程序存储器。

（1）随机存取存储器（RAM）。CPU 可以读出 RAM 中的数据，也可以将数据写入 RAM，因此 RAM 又叫读/写存储器。它是易失性的存储器，电源中断后，储存的信息将会丢失。

RAM 的工作速度高，价格便宜，改写方便。在关断 PLC 的外部电源后，可以用锂电池来保存 RAM 中储存的用户程序和数据。需要更换锂电池时，由 PLC 发出信号，通知用户。

（2）只读存储器（ROM）。ROM 的内容只能读出，不能写入。它是非易失的，电源消失后，仍能保存储存的内容，ROM 一般用来存放 PLC 的操作系统。

（3）快闪存储器和 FEPROM。快闪存储器（FLASH EPROM，FEPROM）和可电擦除可编程的只读存储器（EEPROM）是非易失性的，可以用编程装置对它们编程，兼有 ROM 的非易失性和 RAM 的随机存取优点，但是写入信息需要的时间比 RAM 长得多。它们用来存放用户程序和断电时需要保存的重要数据。

工作数据是 PLC 运行过程中经常变化、经常存取的一些数据。它存放在 RAM 中，以适应随机存取的要求。在 PLC 的工作数据存储器中，设有存放输入 / 输出继电器、辅助继电器、定时器、计数器等逻辑器件状态的存储区，这些器件的状态都是由用户程序的初始设置和运行情况确定的。根据需要，部分数据在掉电时用后备电池维持其现有的状态，这部分在掉电时可保存数据的存储区域称为保持数据区。不同形式的数据如何存放和调用完全由系统程序自动管理。

系统程序及工作数据与用户无直接联系，所以在 PLC 产品样本或使用手册中所列存储器的形式及容量是指用户程序存储器。PLC 的用户存储器通常以字（16 位 / 字）为单位来表示存储容量，当 PLC 提供的用户程序存储器容量不够用时，许多 PLC 还提供存储器扩展功能。

3. 输入 / 输出单元

输入 / 输出（I/O）单元是 CPU 与现场输入 / 输出装置或其他外部设备之间的连接部件。PLC 之所以能在恶劣的工业环境中可靠地工作，I/O 接口技术起着关键的作用。I/O 单元可与 CPU 放在一起，也可远程放置。通常 I/O 单元上还具有状态显示和 I/O 接线端子排。

输入单元将现场的输入信号经过输入单元接口电路的转换，转换为中央处理器能接收和识别的低电压信号，传送给中央处理器进行运算；输出单元则将中央处理器输出的低电压信号转换为控制器件所能接收的电压、电流信号，驱动信号灯、电磁阀、电磁开关等。PLC 提供了各种操作电平与驱动能力的 I/O 单元，以及各种用途的 I/O 组件供用户选用。

（1）开关量输入模块。其作用是连接外部的机械触点或电子数字式传感器（例如光电开关），把现场的开关量信号变成可编程控制器内部处理的标准信号。每路输入信号均经过光电隔离、滤波，然后送入输入缓冲器等待 CPU 采样，每路输入信号均有 LED 显示，以指明信号是否到达 PLC 的输入端子。一般在直流输入单元都使用可编程控制器本身的直流电源供电，不再需要外接电源。

开关量输入接口按可接收的外部信号源的类型不同，分为直流输入单元和交流输入单元。直流输入电路的延迟时间较短，可以直接与接近开关、光电开关等电子输入装置连接。如果信号线不是很长，PLC 所处的物理环境较好，应考虑优先选用 DC 24V 的输入模块。交流输入方式适合在有油雾、粉尘的恶劣环境下使用。

直流输入单元按输入信号的连接形式与输入电流的流向，又可以分为源极输入（共阳输入）电路、漏极输入（共阴输入）电路和混合输入电路（按西门子数字量输入模块定义）。

源极输入（共阳输入）电路（图 3-1）的输入回路中，电流从模块的信号输入端流出去，从模块内部输入电路的公共点 M 流进来。NPN 集电极开路输出的传感器应接到源输入的数字量输入模块。

漏极输入（共阴输入）电路（图 3-2）的输入回路中，电流从模块的信号输入端流进来，从模块内部输入电路的公共点 M 流出去。PNP 集电极开路输出的传感器应接到漏输入的数字量输入模块。

图 3-1 直流输入电路（源极输入）

图 3-2 直流输入电路（漏极输入）

混合输入如图 3-3 所示，公共端既可以接外接电源的正极，也可以接负极，同时具有源极输入电路和漏极输入电路的特点，但一般不建议使用，因为这种输入形式虽然接线方便，但容易造成电源的混乱。

交流输入电路如图 3-4 所示，可以看出，与直流输入电路的区别主要就是增加了一个整流的环节。交流输入的输入电压一般为 AC 120V 或 230V。交流电经过电阻 R 的限流和电容 C 的隔离（去除电源中的直流成分），再经过桥式整流为直流电，其工作原理和直流输入电路一样，不再赘述。

图 3-3　直流输入电路（混合输入）

图 3-4　交流输入电路

（2）开关量输出模块。其作用是把可编程控制器内部的标准信号转换成现场执行机构所需要的开关量信号，一般开关量输出模块本身都不带电源。各路输出均有电气隔离措施（光电隔离）；各路输出均有 LED 显示，只要有驱动信号，输出指示 LED 亮，为观察 PLC 的工作状况或故障分析提供标志；输出电源一般均由用户提供。输出模块提供具有一定通断能力的常开触点，触点上有防过电压、灭弧措施。

按负载使用的电源可分为直流输出模块、交流输出模块、交 / 直流输出模块；按开关器件种类可分为场效应晶体管输出方式（有较高的接通、断开频率，但只适用于直流驱动的场合）、晶闸管输出方式（仅适用于交流驱动场合）、继电器输出方式（可用于交流及直流两种电源，但接通、断开的频率低）。

（3）模拟量输入模块。其作用是把现场连续变化的模拟量标准信号转换成适合可编程控制器内部处理的二进制数字信号。模拟量输入接口接收标准模拟电压或电流信号均可。标准信号是指符合国际标准的通用交互用电压电流信号值，如 4 ~ 20mA 直流电流信号、1 ~ 10V 的直流电压信号等。工业现场中模拟量信号的变化范围一般是不标准的，在送入模拟量接口时一般都需经过变送处理才能使用，模拟量信号输入后一般经运算放大器放大后进行 A/D 转换，再经光电耦合后为可编程控制器提供一定位数的数字量信号，如图 3-5 所示。

图 3-5　模拟量输入接口的电路框图

（4）模拟量输出模块。其作用是将可编程控制器运算处理（若干位数字量信号转换为相应的模拟量信号）后输出，以满足生产过程现场连续控制信号的需要。模拟量输出接口一般由光电隔离、D/A 转换和信号驱动等环节组成，其原理图见图 3-6。

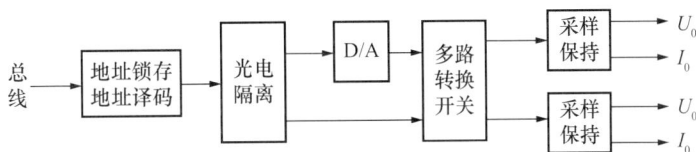

图 3-6　模拟量输出电路框图

PLC 两次输出操作之间，端子上的模拟量保持不变。由于 PLC 的扫描速度为毫秒级，可以认为输出没有台阶，输出是平滑的。

4. 电源单元

PLC 配有开关电源，以供内部电路使用。与普通电源相比，PLC 电源的稳定性好、抗干扰能力强。对电网提供的电源稳定度要求不高，一般允许电源电压在其额定值 ±15% 的范围内波动。许多 PLC 还向外提供 DC 24V 稳压电源，用于外部开关信号、传感器供电。

外部电源，可用一般工业电源，并备有锂电池，外部电源故障时内部重要数据不致丢失。

5. 其他接口、模块和外部设备

（1）通信接口。通信接口主要用于 PLC 与 PLC 之间、PLC 与上位机以及其他数字设备之间交换数据，用以实现程序下载 / 上传、监测运行、分散 / 集中控制、远程监控、人机界面等功能。PLC 一般都带有多种类型的通信接口，也可根据需要进行扩展。

（2）智能模块。智能模块是一个独立的计算机系统，有自己的处理器、系统程序、存储器以及与 PLC 相连的接口。它作为 PLC 系统的一个模块，通过总线与 PLC 相连，进行数据交换，并在 PLC 的协调管理下独立地进行工作。

PLC 的智能模块种类很多，如高速计数模块、闭环控制模块、运动控制模块、中断计数模块等。

（3）其他外部设备。除了以上的部件和设备外，PLC 还有许多外部设备，如编程设备、EPROM 写入器、外存储器、人机接口装置等。

编程设备用来编辑、调试、输入用户程序，也可在线监控 PLC 内部状态和参数，与 PLC 进行人机对话。它是开发、应用、维护 PLC 不可缺少的工具。可编程控制器的编程设备一般分为两类：一类由 PLC 厂家生产，专供该厂家生产的某些 PLC 产品使用，有手持式的，也有便携式的；另一类是可以安装在通用计算机系统上的专用编程软件包,使用最为广泛的是安装在通用计算机系统的专用编程软件。

3.1.3 可编程控制器工作原理

PLC 控制系统可分为三部分:输入部分、可编程控制器、输出部分,如图 3-7 所示。

图 3-7　PLC 控制系统的组成

输入部分由系统中全部输入器件构成,如控制按钮、操作开关、限位开关、传感器等。输入器件与 PLC 输入端子相连接。可编程控制器通过输入模块采集各种输入信号,作为可编程控制器执行用户程序时的判断依据。

输出部分由系统中的全部输出器件构成,如接触器线圈、电磁阀线圈等执行器件及信号灯,输出器件与 PLC 输出端子相连接。可编程控制器通过输出模块控制输出端器件的通电或断电。

可编程控制器通过运行用户编写的程序,替代传统的继电器 - 接触器控制系统的控制环节。相较于传统的继电器 - 接触器控制系统,可以把用户编写的程序看作是许多软组件通过软接线的连接过程,用户程序的执行结果与传统电气控制系统逻辑控制部分起的作用是一致的。

PLC 的工作原理是建立在计算机的工作原理基础之上的,即通过执行反映控制要求的用户程序来实现控制逻辑。PLC 在每一瞬间只能做一件事,所以程序的执行是按程序顺序依次完成相应各存储器单元(即软继电器)的写操作,它属于串行工作方式。

1. 可编程控制器工作原理

根据前文论述可知,PLC 是一种计算机,所以其工作原理也与计算机的工作原理基本上是一致的。PLC 通电后,首先对硬件和软件做一些初始化操作。为了使 PLC 的输出及时响应各种输入信号,初始化后 PLC 反复不停地分阶段处理各种不同的任务。这种周而复始的循环工作模式称为循环扫描。

PLC 中的 CPU 有两种基本的工作状态,即运行(RUN)状态和停止(STOP)状态。CPU 运行状态是执行应用程序的状态。CPU 停止状态一般用于程序的编制与修改。除了 CPU 监控到致命错误强迫停止运行以外，CPU 运行与停止方式可以通过 PLC 的外部开关或通过编程软件的运行 / 停止指令加以选择控制。PLC 的整个扫描工作过程，可分为以下三部分：

（1）上电处理。PLC 上电后对系统进行一次初始化工作，包括硬件初始化、I/O 模块配置运行方式检查、停电保持范围设置及其他初始化处理等。

（2）主要工作过程。PLC 上电处理完成后进入主要工作过程。先完成输入处理，其次完成与其他外设的通信处理，再次进行时钟、特殊寄存器更新。当 CPU 处于 STOP 方式时，转入执行自诊断检查。当 CPU 处于 RUN 方式时，完成用户程序的执行和输出处理后，再转入执行自诊断检查。

（3）出错处理。PLC 每扫描一次，执行一次自诊断检查，确定 PLC 自身的动作是否正常，如 CPU、电池电压、程序存储器、I/O、通信等是否异常或出错，当检查出异常时，CPU 面板上的 LED 及异常继电器会接通，在特殊寄存器中会存入出错代码。当出现致命错误时，CPU 被强制为 STOP 方式，所有的扫描停止。

PLC 运行正常时，扫描周期的长短与 CPU 的运算速度、I/O 点的情况、用户应用程序的长短及编程情况等均有关。通常用 PLC 执行 1KB 指令所需时间来说明其扫描速度（一般 1~10ms/KB）。值得注意的是，不同指令其执行时间是不同的，从零点几微秒到上百微秒不等，故选用不同指令所用的扫描时间将会不同。

PLC 工作原理示意图如图 3-8 所示。

图 3-8 PLC 工作原理示意图

2. 可编程控制器工作过程

PLC 只有在 RUN 方式下才执行用户程序，下面对 RUN 方式下执行用户程序的过程做详尽的讨论，以便对 PLC 循环扫描的工作方式有更深入的理解。

当 PLC 上电后，处于正常工作运行时，将不断地循环重复执行各项任务。分析其主要工作过程，可知 PLC 工作的核心内容就是输入采样、用户程序执行、输出刷新三个阶段。这三个阶段是 PLC 工作过程的中心内容，也是 PLC 工作原理的实质所在。

（1）输入采样阶段。在输入采样阶段，PLC 把所有外部数字量输入电路的 I/O 状态读入至输入映像寄存器中，此时输入映像寄存器被刷新。接着系统进入用户程序执行阶段，在此阶段和输出刷新阶段，输入映像寄存器与外界隔离，无论输入信号如何变化，其内容保持不变，直到下一个扫描周期的输入采样阶段，才重新写入输入端子的新内容。所以，一般来说，输入信号的宽度要大于一个扫描周期，或者说输入信号的频率不能太高，否则很可能造成信号的丢失。

（2）用户程序执行阶段。PLC 在用户程序执行阶段，在无中断或跳转指令的情况下，根据梯形图程序从首地址开始按自左向右、自上而下的顺序，对每条指令逐句进行扫描（即按存储器地址递增的方向进行），扫描一条，执行一条。当指令中涉及输入、输出状态时，PLC 就从输入映像寄存器中"读入"对应输入端子的状态，从组件映像寄存器中"读入"对应组件（软继电器）的当前状态，然后进行相应的运算，最新的运算结果立即再存入到相应的组件映像寄存器中。对除了输入映像寄存器以外的其他组件映像寄存器来说，每一个组件的状态会随着程序的执行过程而刷新。

PLC 的用户程序执行，既可以按固定的顺序进行，也可以按用户程序所指定的可变顺序进行。这不仅仅因为有的程序不需要每个扫描周期都执行，也因为在一个大控制系统中需要处理的 I/O 点数较多，通过不同的组织模块安排，采用分时分批扫描执行的办法，可缩短循环扫描的周期、提高控制的实时响应性能。

（3）输出刷新阶段。CPU 执行完用户程序后，将输出映像寄存器中所有"输出继电器"（I/O）的状态在输出刷新阶段一起转存到输出锁存器中。在下一个输出刷新阶段开始之前，输出锁存器的状态不会改变，从而相应输出端子的状态也不会改变。

输出锁存器的状态为 1，输出信号经输出模块隔离和功率放大后，接通外部电路使负载通电工作。输出锁存器的状态为 0，断开对应的外部电路使负载断电，停止工作。

用户程序执行过程中，集中输入与集中输出的工作方式是 PLC 的一个特点，在采样期间，将所有输入信号（不管该信号当时是否要用）一起读入，此后在整个程序处理过程中 PLC 系统与外界隔开，直至输出控制信号。外界信号状态的变化要到下一个工作周期才会在控制过程中有所反应。这样从根本上提高了系统的抗干扰能力，提高了工作的可靠性。这三个阶段也是分时完成的。为了连续地完成 PLC 所承担的工作，系统必须周而复始地按照一定的顺序完成这一系列的具体工作。

3.2 驱动执行部分和位置传感器

自动化检定流水线的驱动执行部分主要采用电动机驱动和气动两种方式，位置传感器则主要采用了接近式位置开关传感器。本节主要介绍驱动执行部分、位置传感器及电动机驱动部分的组成、特点及工作原理。

3.2.1 电动机驱动部分简介

自动化检定流水线主要应用了交流电动机和伺服电动机，周转箱辊筒线及链板输送线主要应用交流电动机来驱动运转，而上下料单元的机械手则由伺服电动机来驱动执行。

1. 交流电动机

交流电动机是将交流电的电能转换为机械能的一种机器，它主要由一个用以产生磁场的电磁铁绕组或分布的定子绕组和转子组成。交流电动机根据转子转速与旋转磁场之间的关系又可以分为异步电动机和同步电动机。同时，根据电动机正常运行通电的相数又可分为单相和三相交流电动机。

自动化检定流水线主要应用三相异步交流电动机，它具有良好的工作性能和较高的性价比，没有烟尘、气味，不污染环境，噪声也较小。同时采用变频调速，变频调速由于调速性能优越，具有能平滑调速、调速范围广及效率高等诸多优点，随着变频器性价比的提高和应用的推广，越来越成为最有效的调速方式。三相异步电动机运转方向的改变，需要通过改变接入交流电动机供电电源的相序来实现。对于采用变频器驱动的电动机，其转速和转向就均可通过改变变频器的控制参数来实现。

交流电动机运行原理主要是根据交流电的特性，在定子绕组中产生旋转磁场，然后使转子线圈做切割磁感线的运动，使转子线圈产生感应电流，感应电流产生的感应磁场和定子的磁场方向相反，使转子有了旋转力矩，即线圈可以继续转下去。

2. 伺服电动机

伺服电动机又称为执行电动机，在自动控制系统中用作执行元件，即把所接收到的电信号转换成电动机轴上的角位移或角速度输出。其主要的特点是，当信号电压为零时无自转现象，转速随着转矩的增加而匀速下降。伺服电动机可以分为直流和交流两种。

交流伺服电动机是无刷电动机，也分为同步电动机和异步电动机。运动控制中一般都用同步电动机，它的功率范围大，可以做到很大的功率，大惯量，最高转动速度低（且随着功率增大而快速降低），适合应用于低速平稳运行的领域。

由于交流伺服电动机具有控制精度高、矩频特性好、运行性能优良、响应速度快和过载能力较强等优点，自动化检定流水线上下料单元主要应用包含交流伺服电动机的伺服系统。

伺服系统又称随动系统，是用来精确地跟随或复现某个过程的反馈控制系统。伺服系统是物体的位置、方位、状态等输出被控量能够跟随输入目标（或给定值）的任意变化的自动控制系统。它的主要任务是按控制命令的要求，对功率进行放大、变换与调控等处理，使驱动装置输出的力矩、速度和位置控制非常灵活方便。在很多情况下，伺服系统专指被控制量（系统的输出量）是机械位移或位移速度、加速度的反馈控制系统，其作用是使输出的机械位移（或转角）准确地跟踪输入的位移（或转角），其结构组成和其他形式的反馈控制系统没有原则上的区别。

伺服系统主要由三部分组成：控制器、功率驱动装置和交流伺服电动机。控制器按照数控系统的给定值以及通过反馈装置检测的实际运行值的差，调节控制量。功率驱动装置作为系统的主回路，一方面按控制量的大小将电网中的电能作用到电动机之上，调节电动机转矩的大小；另一方面按电动机的要求把恒压恒频的电网供电转换为电动机所需的交流电或直流电。交流伺服电动机又称执行电动机，在自动控制系统中，用作执行元件，把所收到的电信号转换成电动机轴上的角位移或角速度输出。其主要特点是，有控制电压时转子立即旋转，无控制电压时转子立即停转。转轴转向和转速是由控制电压的方向和大小决定的。

在基本工作原理方面，交流伺服系统以高性能专用数字信号处理芯片为处理器，运用现代伺服电动机控制理论，以旋转编码器为反馈，以智能功率模块为逆变器，实现对伺服电动机的全数字高性能控制；伺服电动机在伺服驱动器的控制下，按照一定的方向及转速旋转，根据负载情况输出一定力矩，带动传动系统运转。

3.2.2 气动部分简介

自动化检定流水线上下料机械手抓取单元和链板输送线顶升移栽等部分均采用气动方式运行。

气动技术是以空气压缩机为动力源，以压缩空气为工作介质，进行能量传递或信号传递的工程技术，是实现各种生产控制、自动控制的重要技术手段之一。气动是

"气动技术"或"气压传动与控制"的简称。

气动技术的优点：气动装置结构简单、轻便、安装维护简单；压力等级低、使用安全；工作介质是取之不尽的空气，排气不需要回收，对环境基本无污染；可靠性高，使用寿命长；可实现防火、防爆、防潮。气动技术的缺点：定位精度不高，速度特性受负载影响较大，输出力与液压相比要低得多。

气动控制系统一般由静音气泵、气动二联件、气缸、电磁阀、检测元件和控制器等组成，能实现气缸的伸缩运动控制。气动控制系统是以压缩空气为工作介质，在控制元件的控制和辅助元件的配合下，通过执行元件把空气的压缩能转换为机械能，从而完成气缸直线或回转运动，并对外做功。一个完整的气动控制系统基本由气压发生器（气源装置）、执行元件、控制元件、辅助元件、检测装置以及控制器等6部分组成。

气泵为压缩空气发生装置，包括空气压缩机、安全阀、过载安全保护器、储气罐罐体压力指示表、一次压力指示表、过滤减压阀及气源开关等部件。气泵是用来生产具有足够压力和流量的压缩空气，并将其净化处理及存储的一套装置。气泵的输出压力可通过其上的过滤减压阀进行调节。

在气动控制系统中，气动执行元件是一种将压缩空气的能量转化为机械能，实现直线、摆动或者回转运动的传动装置。气动系统中常用的执行元件是气缸和气电动机。气缸用于实现直线往复运动，气电动机则是实现连续回转运动的动作。

气动执行元件作为气动控制系统中重要的组成部分被广泛应用在各种自动化机械及生产装备中。为了满足各种应用场合的需要，实际设备中使用的气动执行元件不仅种类繁多，而且各元件的结构特点与应用场合也都不尽相同。表 3-1 给出了工程实际应用中常用气动执行元件的应用特点。

表 3-1　　　　　　　　常用气动执行元件的应用特点

类 型	应用特点
单作用气缸	单作用气缸结构简单，耗气量少。在缸体内安装了弹簧，缩短了气缸的有效行程，活塞杆的输出力随运动行程的增大而减小，弹簧具有吸收动能的能力，可减小行程中断的撞击作用；一般用于短行程和对输出力与运动速度要求不高的场合
双作用气缸	通过双腔的交替进气和排气驱动活塞杆伸出与缩回，气缸实现往复直线运动，活塞前进或后退都能输出力（推力或拉力）；活塞行程可以根据需要确定，双向作用的力和速度可根据需要调节
摆动气缸	利用压缩空气驱动输出轴在一定角度范围内做往复回转运动，其摆动角度可在一定范围内调节，常用的固定角度有 90°、180°、270°；用于物体的转位、翻转、分类、夹紧，阀门的开闭以及机器人的手臂动作等

续表

类　型	应用特点
无杆气缸	无杆气缸节省空间，行程缸径比可达 50～200，定位精度高，活塞两侧受压面积相等，具有同样的推力，有利于提高定位精度及长行程的制作。结构简单、占用空间小，适合小缸径、长行程的场合，但当限位器使负载停止时，活塞与移动体有脱开的可能
气动手爪	气动手爪的开闭一般是通过由气缸活塞产生的往复直线运动带动与手爪相连的曲柄连杆、滚轮或齿轮等机构，驱动各个手爪同步进行开、闭运动；主要针对机械手的用途而设计，用来抓取工件，实现机械手的各种动作

在气动控制系统中，控制元件控制和调节压缩空气的压力、流量和流动方向，以保证执行元件具有一定的输出力和速度，并按设计的程序正常工作。控制元件主要有气动压力控制阀、方向控制阀和流量控制阀。

气动压力控制阀用来控制气动控制系统中压缩空气的压力，以满足各种压力需求或节能，将压力减到每台装置所需的压力，并使压力稳定保持在所需的压力值上。压力控制阀主要有减压阀、安全阀和顺序阀等 3 种。

表 3-2 所示为主要气动压力控制阀的类型、作用及应用特点。

表 3-2　　　　　　　　气动压力控制阀的类型、作用及特点

类　型	作用及应用特点
减压阀	对来自供气气源的压力进行二次压力调节，使气源压力减小到各气动装置需要的压力，并使压力值保持稳定
安全阀	也称为溢流阀，在系统中起到安全保护作用。当系统的压力超过规定值时，安全阀打开，将系统中的一部分气体排入大气，使得系统压力不超过允许值，从而保证系统不因压力过高而发生事故
顺序阀	这是依靠气路中压力的作用来控制执行元件按顺序动作的一种压力控制阀。顺序阀一般与单向阀配合在一起构成单向顺序阀

流量控制阀在气动系统中通过改变阀的流通截面积来实现对流量的控制，以实现控制气缸运动速度或者控制换向阀的切换时间和气动信号的传递速度。流量控制阀包括调速阀、单向节流阀和带消声器的排气节流阀等 3 种，如表 3-3 所示。

表 3-3　　　　　　　　流量控制阀的类型及特点

类　型	应用特点
调速阀	大流量直通型速度控制阀的单向阀为一座阀式阀芯，当手轮开启圈数少时，进行小流量调节；当手轮开启圈数多时，节流阀杆将单向阀顶开至一定开度，可实现大流量调节。直通式调速阀接管方便，占用空间小

续表

类　型	应用特点
单向节流阀	单向阀的功能是靠单向型密封圈来实现的。单向节流阀是由单向阀和节流阀并联而成的流量控制阀，常用于控制气缸的运动速度，故常称为速度控制阀
带消声器的排气节流阀	带消声器的排气节流阀通常装在换向阀的排气口上，控制排入大气的流量，以改变气缸的运动速度。排气节流阀常带有消声器，可降低排气噪声 20dB 以上。一般用于换向阀与气缸之间不能安装速度控制阀的场合及带阀气缸上

方向控制阀是气动系统中通过改变压缩空气的流动方向和气流通断来控制执行元件启动、停止及运动方向的气动元件。通常使用比较多的是电磁控制换向阀（简称为电磁阀）。电磁阀是气动控制中最主要的元件，它是利用电磁线圈通电时静铁心对动铁心产生电磁吸引力使阀切换以改变气流方向的阀。根据阀芯复位的控制方式，又可以将电磁阀分为单电控和双电控两种。

3.2.3　开关量传感器简介

开关量传感器又称为接近开关，是一种采用非接触式检测、输出开关量的传感器。在自动化设备中，应用较为广泛的主要有磁感应式接近开关、电容式接近开关、电感式接近开关和光电式接近开关等。自动化检定流水线主要在周转箱辊筒输送线和链板输送线应用磁感应式接近开关和光电式接近开关。

1. 磁感应式接近开关

磁感应式接近开关简称为磁性接近开关或磁性开关，其工作方式是当有磁性物质接近磁性开关传感器时，传感器感应动作，并输出开关信号。

在自动化检定流水线中，磁性开关主要与内部活塞（或活塞杆）上安装有磁环的各种气缸配合使用，用于检测气缸等执行元件的两个极限位置。为了方便使用，每一磁性开关上都装有动作指示灯。当检测到磁信号时，输出电信号，指示灯亮。同时，磁性开关内部都具有过电压保护电路，即使磁性开关的引线极性接反，也不会使其烧坏，只是不能正常检测工作。

磁性开关内部结构如图 3-9 所示。

图 3-9　磁性开关内部结构图

2. 光电式接近开关

光电式接近开关是利用光电效应制成的开关量传感器，主要由光发射器和光接收器组成。光发射器和接收器有一体式和分体式两种。光发射器用于发射红外光或可见光，光接收器用于接收发射器发射的光，并将光信号转换成电信号以开关量形式输出。光电式接近开关如图 3-10 所示。

图 3-10 光电式接近开关

按照接收器接收光的方式不同，光电式接近开关可以分为对射式、反射式和漫反射式 3 种。这 3 种形式的光电式接近开关的检测原理和方式都有所不同。

（1）对射式光电接近开关的光发射器与光接收器分别处于相对的位置上工作，根据光路信号的有无来判断信号是否进行输出改变。此开关最常用于检测不透明物体，对射式光电接近开关的光发射器和光接收器有一体式和分体式两种。

（2）反射式光电接近开关的光发射器与光接收器为一体化的结构，在其相对的位置上安置一个反射镜，光发射器发出光，以反射镜是否有反射光线被光接收器接收来判断有无物体。

（3）漫反射式光电接近开关的光发射器和光接收器集于一体，利用光照射到被测物体上反射回来的光线而进行工作。漫反射式光电接近开关的可调性很好，其敏感度可通过其背后的旋钮进行调节。

自动化检定流水线主要应用反射式光电接近开关来判断有无物体。

3.3 工业机器人

3.3.1 工业机器人简介

工业机器人主要应用于自动化检定流水线自动上下料单元，主要用在辊筒输送线与链板输送线接驳处，在电能计量设备自动化检定过程中，用于自动上料、自动下料，实现电能表计量设备在检定前后、在两条输送线之间自动传送的功能。

工业机器人是面向工业领域的多关节机械手或多自由度的机器装置，是靠自身动力和控制能力来实现各种功能的一种机器。它能自动执行工作，可以接受人类指挥，也可以按照预先编好的程序运行，现代的工业机器人还可以根据人工智能技术制定的原则纲领行动。它是集机械、电子、控制、计算机等多学科先进技术于一体的机电一体化设备，被称为工业自动化的三大支持技术之一。随着社会的进步和劳动力成本的增加，工业机器人在我国的应用已越来越广。

国际标准化组织在 ISO 8373—2012《机器人与机器人装置 词汇表》明确了机器人的定义：机器人是具备一定编程能力、利用已编程序控制各协作装置、执行指定任务、位置可控（可移动、可固定）的可编程操作机。

工业机器人具备多轴机械手，运行具有极高的自由度，在程序控制下，可实现二维空间和三维空间的移动、旋转、搬运、装配等动作，广泛应用于工业自动化方面。

工业机器人是最先产业化的机器人技术，是综合计算机技术、机械传动技术、信息传感技术、控制理论及人工智能及仿生学等学科而形成的高新技术。它的出现有利于制造业生产规模化，有效替代人从事单调、重复性的体力劳动，提高了生产质量和效率。工业机器人是面向工业领域依靠自身动力和控制能力实现自动执行各种工作功能的多关节机械手或多自由度机器人或拟人化机械电子装置。其既可以接受人工手动指挥，也可以按照预编的程序控制运行，现代的工业机器人还可以根据人工智能技术制定的原则纲领行动。

就工业机器人而言，其基本组成结构是机械结构系统、驱动系统、控制系统、传感检测系统、人机交互系统以及机器人环境交互系统等 6 个部分，各部分系统作用如表 3-4 所示。

表 3-4 　　　　　　　　　工业机器人组成及作用

基本体系结构	组成及作用
机械结构系统	指机身、臂部、手部、腕部等部件组成的执行机构，可实现各个方向上的运动
驱动系统	提供给工业机器人各个轴运行动力的传动装置。它可以是液压、气动、电动或者其结合应用的系统，可以直接驱动或者通过同步带、链条、轮系及齿轮等传动机构间接驱动
控制系统	由传感装置、控制装置、轴伺服驱动部分和控制软件组成。它是机器人系统的中枢，既可控制调整工业机器人自身运动位置与姿态，又能根据工业机器人作业程序指令及传感器反馈信号支配机器人执行机构完成规定作业功能

续表

基本体系结构	组成及作用
传感检测系统	由内部传感器和外部传感器组成，用于获取工业机器人内部和外部环境状态及工作对象准确有效的信息
人机交互系统	操作人员与工业机器人之间直接交互对话的装置，拥有单独的 CPU 和存储单元，以串行或并行通信方式与计算机进行信息交互。例如机器人示教器，可以实现机器人的手动操控、程序编写、参数设置等功能
机器人环境交互系统	实现工业机器人与外部环境中的设备相互联系和协调的系统，使工业机器人能与外围设备成为一个能执行复杂任务的功能单元

一般而言，工业机器人的机械结构主要是由机身（也称为立柱）、臂部、腕部和手部等几个部分组成，如图 3-11 所示。若是可移动的工业机器人，还需额外的移动机构。

图 3-11　工业机器人机械结构

（1）机身：又称为立柱，是工业机器人的基础部分，主要起到支撑作用，通常固定式工业机器人的机身直接固定在地面或者平台上，移动式的工业机器人则固定在移动机构上。

（2）臂部：包括上臂与前臂，是工业机器人的主体机构，一般有 2～3 个自由度，与控制系统和驱动系统一起安装在机身上；用于支撑腕部和手部，并带动它们使手部中心按一定的运动轨迹运动到指定位置。

（3）腕部：连接臂部与手部的部件，主要用于调整改变手部在空间的方位，使手部中的工具或者工件在某一指定姿态。腕部有独立的自由度，所需自由度的多少可根据工业机器人的工作性能来确定，以满足工业机器人手部复杂位姿的调整。

（4）手部：用于抓持物件的机构，又称为末端操作器。手部是一个独立部件，其结构形式多样，大部分根据物件形状和工作要求而专门设计，其自由度也根据需要而定。手部是决定工业机器人作业完成及作业柔性好坏的关键部件之一。

一个完整的工业机器人系统，除了基本机械结构外，还需要各种位姿、运动关系以及坐标系统配合使用以完成控制目的。工业机器人的各种坐标系均是由正交的右手定则来决定，其主要可分为大地坐标系、基坐标系、工件坐标系和工具坐标系，各坐标系如图 3-12 所示。

图 3-12　坐标系示意图

大地坐标系：一种由 X、Y、Z 轴所定义的以大地作为参考的坐标系，通常用来定义机器人相对于其他物体运动、与机器人通信的其他部件以及机器人的运动路径。在这种坐标下机器人不管以何种姿态运动，都是由 3 个坐标轴来表示。

基坐标系：一种以机器人安装基底为基准、用来描述机器人本体运动的直角坐标系。任何机器人都离不开基坐标系，这是机器人在三维空间运动所必需的基本坐标系。

工件坐标系：一种位置固定于工件上的笛卡尔坐标系，是编制程序时用来确定末端操作器和程序起点的，用来描述工具中心点（TCP）运动的坐标系。

工具坐标系：一个动态坐标系，用来描述工业机器人手部（J6 轴）上的夹持机构相对于手部工具中心点（TCP）上的坐标系的运动。它随着工业机器人的运动而不断改变，因此工具坐标系所表示的运动也不同，这取决于机器人臂部位置以及工具坐标系的姿态。

另外，工业机器人的技术指标反映了工业机器人的工作性能和适用范围，是选择使用机器人必须要考虑的问题。其技术指标主要体现就是其技术参数，指的是工业机器人制造商在产品供货时提供的技术参数。尽管各厂商提供工业机器人的技术参数不完全相同，但是均包含其主要的技术参数，一般应包括自由度、工作精度、工作范围、工作速度和承载能力等，表 3-5 为工业机器人主要技术参数说明。

表 3-5 工业机器人主要技术参数说明

主要技术参数	参数说明
自由度	指工业机器人所具有的独立坐标轴运动的数目，但不包括末端操作器的开合自由度
工作精度	包括定位精度和重复定位精度两方面。定位精度是指工业机器人手部实际达到位置与目标位置之间的差异，重复定位精度是指工业机器人重复定位其手部到同一目标位置的能力，可用标准偏差来表示，是衡量一系列误差值的密集度，即重复度
工作范围	指工业机器人臂部末端或腕部中心所能到达的所有点的集合，也就是不安装末端操作器时的工作区域。工作范围的形状和大小可能直接影响机器人执行作业任务完成
工作速度	主要包括速度和加速度，是表明工业机器人运动特性的主要指标。由于驱动器输出功率的限制，无论是从启动到达最大稳定的速度或从最大稳定速度到停止，都需要一定时间，在实际应用中不能单纯地考虑最大稳定速度，还要考虑最大允许加速度
承载能力	指工业机器人在工作范围内的任何位置和姿态上所能承受的最大质量。承载能力也是指高速运行时的承载能力，不仅取决于负载和机器人末端操作器的质量，还与工业机器人运行的速度和加速度的大小和方向有关，同时也受到驱动器功率、材料极限应力的限制

国际上对于工业机器人的分类没有统一的标准，其按照结构坐标系可以分为直角坐标型、圆柱坐标型、球坐标型、关节坐标型和平面关节型 5 种；按照驱动方式可以分为气压驱动式、液压驱动式和电动机驱动式 3 种，也有少部分的机器人采用混合驱动方式，就是液 - 气或电 - 气或电 - 液混合驱动方式；按照工作用途可以分为焊接机器人、装配机器人、检测机器人、搬运机器人和喷涂机器人等。

在全球工业机器人的诸多制造商中，日本与欧洲市场占有率最高，技术最为先进，实现了精密减速机、控制器、伺服系统等上游核心部件的生产自动化。

3.3.2 工业机器人工作原理

自动化检定流水线工业机器人工作主要由程序控制，主要的工作原理为现场编程。

现场编程通常由操作人员通过示教器控制机械手工作末端到达指定的位置和姿态，记录机器人位置数据，并编写机器人运动指令，完成机器人在正常工作中的轨迹规划位置等关节数据信息的采集记录，示教器具有实时在线的优势，操作简便直观。

在当前工业机器人的应用中，现场编程仍然是主要的机器人编程方法，但对于复杂的三维轨迹，现场编程不但费时而且难以满足精度的要求，因此在视觉引导下由计算机控制机器人的自主编程取代现场编程，已成为发展趋势，自动化检定流水线尚未应用。

3.4 机器视觉设备

3.4.1 机器视觉简介

1. 机器视觉的定义

对于智能机器来说，赋予机器以人类视觉的功能，对发展智能机器是极其重要的。由于人眼无法连续、稳定地完成这些带有高度重复性和智慧性的工作，其他物理量传感器也难独立完成，人们开始考虑利用光电成像系统，采集被控目标的图像，而后经计算机或专用的图像处理模块进行数字化处理，根据图像的像素分布、亮度和颜色等信息，来进行尺寸、形状、颜色等的判别。这样，就把计算机的快速性、可重复性，与人眼视觉的高度智能化和抽象能力相结合，由此产生了机器视觉的概念。机器视觉的发展不仅将大大推动智能系统的发展，也将拓宽计算机与各种智能机器的研究范围和应用领域。

美国机械工程师协会（American Society of Manufacturing Engineers，ASME）机器视觉分会和美国机器人工业协会（Robotic Industries Association，RIA）的自动化视觉分会对机器视觉的定义：机器视觉（machine vision）是通过光学的装置和非接触的传感器自动地接受和处理一个真实物体的图像，通过分析图像获得所需信息或用于控制机器运动的装置。

机器视觉技术是多种技术的融合，运用了计算机、图像传感、自动控制、图像处理等多领域的知识。机器视觉技术的出现主要是为了让机器能够准确感知外界环境的变化，从而通过内置程序做出所对应的动作。机器视觉相对于人眼来说具有更好的柔性，不用调整硬件设备而只对程序进行升级就可以将其应用到不同的视觉系统中，适应各种工作模式。

2. 机器视觉系统的组成部分

（1）相机与镜头：这部分属于成像器件，通常的视觉系统都是由一套或者多套这样的成像系统组成。按照不同标准可分为标准分辨率数字相机和模拟相机等。要根据不同的实际应用场合选不同的相机和高分辨率相机，诸如线扫描 CCD 和面阵 CCD、单色相机和彩色相机。如果有多路相机，可能由图像采集卡切换来获取图像数据，也可能由同步控制同时获取多相机通道的数据。根据应用的需要，相机可能是输出标准的单色视频（RS-170/CCIR）、复合信号（Y/C）、RGB 信号，也可能是非标准的逐行扫描信号、线扫描信号、高分辨率信号等。镜头选择应注意焦距、目标高度、影像高度、放大倍数、影像至目标的距离、畸变等。

（2）光源：作为辅助成像器件，对成像质量的好坏往往能起到至关重要的作用，各种形状的 LED、高频荧光灯、光纤卤素灯等都容易得到。照明是影响机器视觉系统输入的重要因素，它直接影响输入数据的质量和应用效果。由于没有通用的机器视觉照明设备，针对每个特定的应用实例，要选择相应的照明装置，以达到最佳效果。光源可分为可见光和不可见光。常用的几种可见光源是白炽灯、日光灯、水银灯和钠光灯。光源系统按照其照射方法可分为背向照明、前向照明、结构光和频闪光照明等。其中，背向照明是被测物放在光源和摄像机之间，它的优点是能获得高对比度的图像。前向照明是光源和摄像机位于被测物的同侧，这种方式便于安装。结构光照明是将光栅或线光源等投射到被测物上，根据它们产生的畸变，解调出被测物的三维信息。频闪光照明是将高频率的光脉冲照射到物体上，可获得瞬间高强度照明，但摄像机拍摄要求与光源同步。

（3）传感器：通常以光电开关、接近开关等的形式出现，用以判断被测对象的位置和状态，告知图像传感器进行正确的采集。

（4）图像采集卡：通常以插入卡的形式安装在 PC 中，图像采集卡的主要工作是把相机输出的图像输送给计算机主机。它将来自相机的模拟或数字信号转换成一定格式的图像数据流，同时它可以控制相机的一些参数，比如触发信号、曝光 / 积分时间、快门速度等。图像采集卡通常有不同的硬件结构以针对不同类型的相机，同时也有不同的总线形式，比如 PCI、PCI64、CompactPCI、PCI04、ISA 等。图像采集卡直接决定了摄像头的接口，黑白、彩色、模拟、数字等。比较典型的是 PCI 或 AGP 兼容的捕获卡，可以将图像迅速地传送到计算机存储器进行处理。有些采集卡有内置的多路开关。

（5）PC 平台：计算机是 PC-BASED 视觉系统的核心，在这里完成图像数据的处理和绝大部分的控制逻辑，对于检测类型的应用，通常都需要较高频率的 CPU，这样可以缩短处理的时间。同时，为了减少工业现场电磁、振动、灰尘、温度等的干扰，必须选择工业级的计算机。

（6）视觉处理软件：机器视觉软件用来完成输入的图像数据的处理，然后通过一定的运算得出结果，这个输出的结果可能是 PASS/FAIL 信号、坐标位置、字符串等。常见的机器视觉软件以 C/C++ 图像库、ActiveX 控件、图形式编程环境等形式出现，可以是专用功能的（比如仅用于 LCD 检测、BGA 检测、模板对准等），也可以是通用目的的（包括定位、测量、条码/字符识别、斑点检测等）。

（7）控制单元（包含 I/O、运动控制、电平转化单元等）：一旦视觉软件完成图像分析（除非仅用于监控），紧接着需要和外部单元进行通信以完成对生产过程的控制。简单的控制可以直接利用部分图像采集卡自带的 I/O，相对复杂的逻辑/运动控制则必须依靠附加可编程逻辑控制单元或运动控制卡来实现必要的动作。

上述 7 个部分是一个基于 PC 式的视觉系统的基本组成，在实际的应用中针对不同的场合可能会有不同的增加或裁减。

3. 机器视觉的特点

（1）非接触测量：对于观测者与被观测者的脆弱部件都不会产生任何损伤，从而提高系统的可靠性。在一些不适合人工操作的危险工作环境或人工视觉难以满足要求的场合，常用机器视觉来替代人工视觉。

（2）具有较宽的光谱响应范围：例如使用人眼看不见的红外测量，扩展了人眼的视觉范围。

（3）连续性：机器视觉能够长时间稳定工作，使人们免除疲劳之苦。人类难以长时间对同一对象进行观察，而机器视觉则可以长时间地做测量、分析和识别任务。

（4）成本较低、效率很高：随着计算机处理器价格的急剧下降，机器视觉系统的性价比也变得越来越高。而且，视觉系统的操作和维护费用非常低。在大批量工业生产过程中，用人工视觉检查产品质量效率低且精度不高，用机器视觉检测方法可以大大提高生产效率和生产的自动化程度。

（5）机器视觉易于实现信息集成，是实现计算机集成制造的基础技术：正是由于机器视觉系统可以快速获取大量信息，而且易于自动处理，也易于同设计信息以及加工控制信息集成，在现代自动化生产过程中，人们将机器视觉系统广泛地用于工况监视、成品检验和质量控制等领域。

（6）精度高：人眼在连续目测产品时，能发现的最小瑕疵为 0.3mm，而机器视觉的检测精度可达到 1/1000inch（1inch=25.4mm）。

（7）灵活性高：视觉系统能够进行各种不同的测量。当应用对象发生变化以后，只需软件做相应的变化或者升级以适应新的需求即可。

机器视觉系统比光学或机器传感器有更好的可适应性。它们使自动机器具有了多样性、灵活性和可重组性。当需要改变生产过程时，对机器视觉来说"工具更换"仅仅是软件的变换，而不是更换昂贵的硬件。当生产线重组后，视觉系统往往可以重复使用。

3.4.2 机器视觉工作原理

一个完整的图像识别系统通常按照以下步骤进行工作:

(1)工件定位传感器探测到物体已经运动至接近摄像系统的视野中心,向图像采集单元发送触发脉冲。

(2)图像采集单元按照事先设定的程序和延时,分别向摄像机和照明系统发出触发脉冲。

(3)摄像机停止目前的扫描,重新开始新的一帧扫描,或者摄像机在触发脉冲来到之前处于等待状态,触发脉冲到来后启动一帧扫描。

(4)摄像机开始新的一帧扫描之前打开电子快门,曝光时间可以事先设定。

(5)另一个触发脉冲打开灯光照明,灯光的开启时间应该与摄像机的曝光时间匹配。

(6)摄像机曝光后,正式开始一帧图像的扫描和输出。

(7)图像采集单元接收模拟视频信号,通过 A/D 将其数字化,或者是直接接收摄像机数字化后的数字视频数据。

(8)图像采集单元将数字图像存放在处理器或计算机的内存中。

(9)处理器对图像进行处理、分析、识别,获得测量结果或逻辑控制值。

(10)处理结果控制生产流水线的动作、进行定位、纠正运动的误差等。

从上述的工作流程可以看出,机器视觉系统是一种相对复杂的系统。大多监控对象都是运动物体,系统与运动物体的匹配和协调动作尤为重要,所以给系统各部分的动作时间和处理速度带来了严格的要求。

尽管机器视觉应用各异,但都包括以下几个过程(如图 3-13 所示):①图像信息获取:光学系统采集图像,图像转换成数字格式并传入计算机存储器;②信息处理和特征抽取:处理器运用不同的算法来提高对检测有重要影响的图像像素;③处理器识别并量化图像的关键特征,例如位置、数量、面积等,然后将这些数据传送到控制程序;④判决和结果:处理器的控制程序根据接收到的数据做出结论。

图 3-13 图像识别流程

第 4 章

自动化检定流水线
操作与维护保养

本章主要阐述了自动化检定流水线各系统的操作方法和各功能单元的维护保养要求。首先对自动化检定流水线控制电源、主控系统、电控系统、PLC 控制系统及各功能单元的基本操作进行了介绍，然后结合使用维护经验对自动化检定流水线各功能单元的维护保养的具体要求进行了说明。

4.1　自动化检定流水线操作

国网北京市电力公司的电能表自动化检定流水线于 2017 年建成投运，在总结其他省电力公司经验的基础上，采用了立式挂表等先进的设计建设理念，具有一定的先进性。并于 2018 年建成包含通信模块、计量断路器等在内的"七线两库"自动化检定仓储系统，实现了智能化运维。下面以国网北京市电力公司的电能表自动化检定流水线为例，介绍该系统控制电源、主控系统、电控系统、PLC 控制系统及各功能单元的基本操作方法。

4.1.1　控制电源启动与关闭

1. 准备工作

（1）气路检查。

1）确认空气压缩机是否已经打开，气源供气是否稳定。

2）供气一定时间后，检查线体是否有漏气现象，如有，会听到明显的气鸣声。

3）确认线体不存在漏气后，检查当前线体气压，确保气压保持在 0.6～0.8MPa。

（2）电路检查。

1）在系统上电之前，保证现场没有工作人员正在进行有关操作电的作业。

2）检查线体各部分电路是否存在短路现象，尤其是保证总电柜不存在短路现象。

3）上电之前，检查各电气连接头，如机器人是否有松动。

4）在确保安全的情况下，给系统上总电。

5）上完总电后，检查各电气设备是否有损坏现象。

（3）线体物流检查。

1）检查各线体内的托盘、表箱等是否在正确的位置上，排除卡箱等影响物流的情况。

2）检查感应开关等是否有损坏现象，如托盘已到位但接近开关不亮等。

3）系统启动之前，检查线体各部位是否有手动操作，如有请全部打入自动状态。

4）确保以上步骤后，请检查线体内是否有人为造成的实际数据与控制平台的数据不相符的现象，如某个工位托盘数量存在异常。

2. 系统启动

（1）上电前，务必确保现场没有工作人员对电作业，注意用电安全。

（2）在确保安全的情况下，合闸上总电。电柜内电源总线为380V三相电，合闸时注意用电安全，防止误操作导致人员损伤。

（3）确认机器人安全范围内没有现场人员后再给机器人上电。

（4）检查相关软件是否打开，确保线体正常运行。

（5）检查触摸屏，是否有专机或线体被屏蔽，如有，确认无误后取消屏蔽。

（6）在确保一切情况无误后，在主控柜上按下线体启动按钮。

具体操作如图4-1～图4-3所示。

图4-1　合闸上总电

图4-2　确认设备处于未屏蔽状态

图4-3　线体启动

3. 系统关闭

（1）断电前，务必确保现场没有工作人员对电作业，注意用电安全。

（2）在确保一切情况无误后，在主控柜上按下线体停止按钮。

（3）在确保安全的情况下，拉闸断开总电。电柜内电源总线为380V三相电，拉闸时注意用电安全，防止误操作导致人员损伤。

具体操作与系统启动正好相反。

4.1.2 主控系统操作

1. 检定任务

在主控系统中打开任务信息列表界面，点击查询按钮，可以根据任务号、安排开始 / 结束时间及是否为本地库装箱，查看当前系统中已经存在的检定任务信息，如图 4-4 所示。包括检定任务号、系统编号、检测类别、设备型号、生产厂家、到货批次、任务数量、申请数、检定数、装箱数、优先级、状态等任务信息，其中状态列可以查看当前任务状态，可分为未执行、执行中、已完成等。

图 4-4 检测任务 ❶

2. 设备管理

设备管理包括台体管理、RGV 信息及区域管理。该界面可以查看当前各个检定台体的编号、名称及检测状态，如图 4-5 所示。检定状态主要分为空闲、检定中及检定完成。在该界面可以修改检测状态及锁定状态。但是状态的修改需要谨慎操作，检测状态修改前要核对实际检定进度，更改后确保一致。锁定状态可根据任务需要锁定台体，一旦锁定后该台体无法下表。

在修改行的相应列点击右键，可以根据任务需要修改台体、RGV 信息、区域管理的状态，主要是修改其锁定状态，一旦锁定，托盘变不再分配至该设备或区域，不会进行台体上下表操作。

---

❶ 书中部分图片，如图 4-4 等，均为系统截图，未做修改。

图 4-5 设备管理

3. 故障报警

在主控系统中通信调度模块，打开设备故障报警页面，可以查看系统中已经存在的故障报警信息，如图 4-6 所示。主要包括故障报警时间、故障单元、异常内容等信息。通过该界面可以根据故障信息快速进行故障处理，避免影响检定进程。同时，故障报警属于日志记录，不能修改或删除已经存在的记录，也不能人工添加新的记录。可以通过分析故障日志记录掌握自动化检定流水线整体故障情况，针对故障频发单元进行修复，降低故障发生频率。

图 4-6 故障报警

4. 通信调度

此功能主要用于通信中间件及电测量的通信，通信前需先连接，待状态显示"连接"方可正常使用。

此功能下，包括关键点异常、接收日志、发送日志、设备核对、信息绑定、多功能分配、入库及结论上传、设备故障报警等关键点信息输出，信息随着时间滚动输出，可以实时了解当前设备运行状态，在接收日志界面可以看到当前各单元接收的指令信息，在入库及结论上传界面，则可以看到当前表计入库及上传结论的进程，一旦发生异常会直接输出故障信息，运维人员可根据故障信息分析故障原因，尽快处理故障，如图 4-7 所示。

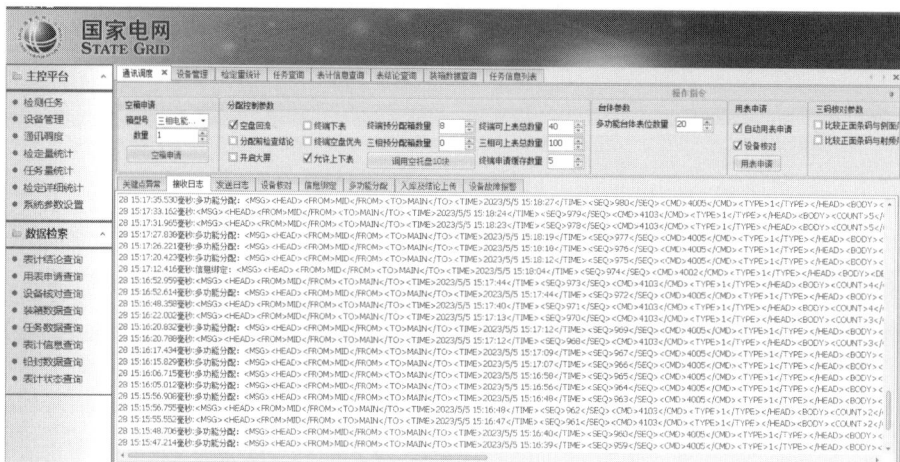

图 4-7 通信调度

分配控制参数可以控制分配规则，"空盘回流"会强制所有空托盘回流而不去下表，因线体运行时一般不允许单独下表，只有某个任务需要结束，下个任务尚未执行时，该任务需要单独下表入库时才需要使用空托盘下表功能，否则是通过上下表功能来处理该任务的表。当需要空托盘下表时，不勾选"空盘回流"即可，其他时间需要保持勾选状态。同时"允许上下表"保持勾选状态，因为上表和下表一般需要同时进行，如图 4-8 所示。

图 4-8 分配控制参数

勾选"自动用表申请"可以自动申请用表，如图 4-9 所示。

图 4-9　用表申请

5. 检定量统计

在主控系统中打开检定量统计界面，选择日期条件可以查询出系统中已经存在的检定量统计信息，包括检定量统计信息的检定日期、检定数量、使用时间、起始时间、结束时间（以装箱时间为准）。界面底部统计有检定总量和使用小时总数，如图 4-10 所示。

图 4-10　检定量统计

当"本地库"勾选时，为查询本地库的检定量，默认以中间库为查询条件，点击"查询"按钮即可按选定的时间查询检定量信息。

点击"视图图表"按钮即可显示图形检定量信息。

6. 任务查询

主控系统中打开任务查询界面，选择日期条件可以查询出系统中已经存在的任务统计信息，包括任务统计信息的安排日期、任务号、批次号、任务数、核对数、装箱数、任务状态等信息，可以直观了解各个任务的详细状态，便于对检定进程进行监控，如图 4-11 所示。

图 4-11　任务查询

7. 表结论查询

打开表结论查询界面，输入任务、表条码、检定项等条件可以查询出系统中已经存在的表结论信息，包括表结论信息的任务号、设备 ID、条码号、直观结论、耐压结论、检定误差结论、总结论及总数统计。可以通过右键修改表结论，可以针对具体的检定项，比如在直观结论单元格点击右键，则单独设置直观结论为合格或不合格，此设置影响总结论，即如果有任何一个检定项不合格，则总结论不合格，如图 4-12 所示。

图 4-12　表结论查询

8. 设备核对查询

选择设备核对查询页，查询条件为箱号、表条码及任务状态。在设备核对节点，可以通过箱号或是表条码查询本箱或本表的核对情况，支持模糊查询，如图4-13所示。

图4-13 设备核对查询

9. 装箱数据查询

选择装箱数据查询页，查询条件为任务号、箱号、表条码及垛号。在装箱节点，可以通过组合条件或单个条件查询装箱情况，支持模糊查询。需要指出的是，可以查看该箱表计是否合格，以便进行结论验证，如图4-14所示。

图4-14 装箱数据查询

10. 任务查询

选择任务查询页,查询条件为任务号及任务安排开始及结束时间。在此功能点下,可以查询指定条件安排的任务情况,如图4-15所示。该界面信息和任务信息列表类似,更为常用。一般情况下都使用该界面进行任务控制,而任务信息列表只提供查询功能,任务查询功能下可以修改任务状态,比如需要执行一个新的检定任务,可以在状态列将其由未执行改为执行。同时可以控制任务下表进程,如允许某任务下线,可以在"是否允许下线"将其设置为1。

图4-15 任务查询

如需手动更改任务状态,可以选中任务行,右键设置任务的执行、暂停、终止、完成和强制结束任务,如图4-16所示。

图4-16 任务执行、暂停、终止、完成、强制结束任务

11. 用表申请查询

选择用表申请查询页,查询条件为任务号及申请状态。在此功能点下,可以查询指定条件申请的用表情况,如图4-17所示。

图 4-17　用表申请查询

12. 表计信息查询

选择表计信息查询页，查询条件为任务号、表条码、托盘号及台体编号。在此功能点下，可以查询指定条件表计信息情况，如图 4-18 所示。

图 4-18　表计信息查询

4.1.3　电控系统操作

1. 监控功能

触摸屏可对线体数据进行实时监控并修改，点击输运线进入输运线平面图，如图 4-19 所示。

图 4-19　输运线平面图

点击相应区域可进入对应区域图形，点击进入 L53-L54，如图 4-20 所示。

图 4-20　外观耐压线示意图

每条线体以阻挡为界分为多个工位 P01、P02 等，每个阻挡代表一个工位，图中小方块代表各阻挡，每个工位上都能显示当前工位的托盘数，点击相应的工位可进入查看托盘号并修改，如图 4-21 所示。

图 4-21　托盘号修改示意图

2. 故障复位及手动控制

触摸屏可初始化出现异常的顶升、阻挡等，并对其硬件进行手动控制，如图4-22 所示。

图 4-22　L05-Z03 控制示意图

如图 4-22 所示，点击后弹出操作窗口，四个按钮作用如下。

（1）有箱：改变该工位箱数据有无，如当前工位有箱，若手动搬走该箱，则需点击有箱，使其变成无箱。

（2）初始化：在发生人为干预导致当前工位硬件异常时，如阻挡放行时人为干预导致阻挡不复位，则需点击初始化按钮使其复位。

（3）自动：当需手动校验硬件是否异常时使用，当前为自动状态，点击后进入手动状态。

（4）阻挡：只有进入手动状态点击阻挡按钮才能使其生效，手动控制阻挡上下，检验是否接线异常。

L05-D01 控制单元如图 4-23 所示。

图 4-23　L05-D01 控制示意图

如图 4-23 所示，点击后弹出操作窗口，六个按钮作用如下。

（1）有箱：改变该工位箱数据有无，如当前工位有箱，若手动搬走该箱，则需点击有箱，使其变成无箱。

（2）初始化：在发生人为干预导致当前工位硬件异常时，如阻挡放行时人为干预导致阻挡不复位、顶升输运时人为干预导致顶升不降下、电动机不停止等则需点击初始化按钮使其复位。

（3）自动：当需手动校验硬件是否异常时使用，当前为自动状态，点击后进入手动状态。

（4）阻挡：只有进入手动状态点击阻挡按钮才能使其生效，电动机运行，手动控制阻挡是否放行，检验是否接线异常。

（5）下降：手动控制顶升上升与下降。

（6）停止：手动控制顶升运行情况。

4.1.4 PLC 控制系统操作

1. 信息设备

PLC 控制系统中，当程序启动，自动登录连接设备及电测量设备，同时信息设备页可查看所有设备的状态，如图 4-24 所示。

图 4-24　信息设备

2. PLC 日志

PLC 日志查看线体所有 PLC 运行状态记录，如图 4-25 所示。

图 4-25　PLC 日志

3. PLC 数据

PLC 数据记录了所有 PLC 与中间件、中间件与主控数据联系项目。可设置各功能单元控制 PLC 的值来改变设备运行状态，如图 4-26 所示。

图 4-26　PLC 数据

（1）入库绑定到位设置。入库绑定若初始不成功，则 PLC 指令置 0，如果原来为 0，则先改为 9 再置 0。若确认入库绑定成功，可以将 PLC 指令改为 9，同时手动放行，如图 4-27 所示。

图 4-27　入库绑定到位

（2）出库扫描到位设置。若出库扫描失败，设置重新到位，需将周转箱拉回光电之前重新扫描。PLC 指令置 0，如果原来为 0，则先改为 9 再置 0，如图 4-28 所示。

图 4-28　出库扫描到位

（3）三码核对到位设置。若射频码、正面条形码、侧面条形码核对失败，设置重新到位，确认表计处于正确位置。PLC 指令置 0，如果原来为 0，则先改为 1 再置 0，如图 4-29 所示。

图 4-29　三码核对到位

（4）多功能检定单元到位设置。观察多功能检定单元上下表进程，若上下表未完成，需要重新设置到位，将 PLC 信号值列由 8 改为 0；若上下表已完成，将 PLC 信号值列由 10 改为 0，如图 4-30 所示。

图 4-30　多功能检定单元到位

（5）路径分配到位设置。若路径分配失败，重新设置到位，PLC 指令置 0，如果原来为 0，则先改为 9 再置 0，如图 4-31 所示。

图 4-31　路径分配到位

（6）耐压单元到位设置。若需重新设置到位，PLC 指令置 0，如果原来为 0，则先改为 1 再置 0，如图 4-32 所示。

图 4-32　耐压单元到位

（7）铅封到位设置。若需重新设置到位，PLC 指令置 0，如果原来为 0，则先改为 9 再置 0，如图 4-33 所示。

图 4-33　铅封到位

（8）贴标单元到位设置。若需重新设置到位，PLC 指令置 0，如果原来为 0，则先改为 9 再置 0，如图 4-34 所示。

图 4-34　贴标单元到位

（9）外观检查到位设置。若设置重新到位，确认表计处于正确位置。PLC 指令置 0，如果原来为 0，则先改为 1 再置 0，如图 4-35 所示。

图 4-35　外观检查到位

（10）刻码单元到位设置。若设置重新到位，PLC 指令置 0，如果原来为 0，则先改为 9 再置 0，如图 4-36 所示。

图 4-36　刻码单元到位

4.1.5　各功能单元操作

1. 耐压检测单元

耐压操作指令如图 4-37 所示。

图 4-37　耐压操作指令

（1）线体上六个 0 代表当前托盘号，可进行查询与修改。

（2）四个小方块代表托盘的到位光电是否感应到，若感应到则显示绿色。

（3）PLC 指令与信息指令：PLC 指令和信息指令是电控与信息系统交互的具体表现形式，PLC 指令等于 1 时，表示电控方面压接完成；信息指令等于 1 时，表示信息系统方面耐压试验完成。

（4）工作请求按键：电控方面向信息系统提出耐压试验的请求，一般出现在自动情况下，耐压试验未做，手动给予工作请求进行试验。

（5）任务号：表示当前检测表的任务号。

（6）初始化按键：用于耐压试验步骤的初始化操作。

（7）耐压屏蔽按键：人为提出表位不需进行耐压试验，人为屏蔽耐压试验功能，再次点击会取消屏蔽。

（8）指示灯：黄色闪烁表示正常工作中；红色常亮表示放行超时、可能卡盘等报警；绿色常亮表示耐压试验被屏蔽。

2. 外观检查单元

外观操作指令如图 4-38 所示。

图 4-38 外观操作指令

（1）线体上 0 代表当前托盘号，可进行查询与修改。

（2）四个小方块代表托盘的到位光电是否感应到，若感应到则显示绿色。

（3）PLC 指令和信息系统指令：PLC 指令等于 1 时，表示首次压接完成，可以进行外观检查；信息指令等于 1 时，表示检查完成。

（4）屏蔽外观按键：通过此键可以屏蔽外观检查功能且再次点击时取消屏蔽。

（5）工作请求：人为发送外观检查的工作请求。

（6）初始化：对外观检查单元进行初始化复位。

（7）指示灯：黄色闪烁表示正常工作中；红色常亮表示放行超时、可能卡盘等报警；绿色常亮表示外观检查单元被屏蔽。

3. 自动贴标单元

贴标操作指令如图4-39所示。

图4-39 贴标操作指令

（1）线体上0代表当前托盘号，可进行查询与修改。

（2）两个小方块代表托盘是否到位，若到位到则显示绿色。

（3）PLC指令和信息指令：PLC指令等于9时，表示贴标就绪，信息系统方面可以控制贴标机进行贴标；信息指令等于15时，表示将需要贴标的表位发送给PLC；信息指令等于14时，表示当前表位贴标完成；信息指令等于9时，表示所有的表位贴标完成。

（4）手自动切换按键：此按键可以切换贴标工位处于手动状态或自动状态。

（5）屏蔽贴标按键：此按键可以屏蔽自动贴标单元，再次点击取消屏蔽。

（6）初始化按键：此按键可以初始化自动贴标单元。

（7）手动上升按键：当贴标机处于手动状态时，此按键可以手动控制气爪上升或下降。

（8）手动旋转按键：当贴标机处于手动状态时，此按键可以手动控制气爪旋转。

（9）手动夹紧按键：当贴标机处于手动状态时，此按键可以手动控制气爪夹紧或松开。

（10）指示灯：黄色闪烁表示正常工作中；红色常亮表示放行超时、可能卡盘等报警；绿色常亮表示屏蔽自动贴标单元。

4. 自动刻码单元

刻码操作指令如图4-40所示。

图4-40　刻码操作指令

（1）线体上0代表当前托盘号，可进行查询与修改。

（2）小方块代表托盘是否到位，若到位到则显示绿色，刻码机刻码。信息指令等于9时，表示刻码完成，可以放行。

（3）手自动切换按键：此按键可以切换贴标工位处于手动状态或自动状态。

（4）屏蔽贴标按键：此按键可以屏蔽刻码自动刻码单元，再次点击取消屏蔽。

（5）初始化按键：此按键可以初始化自动刻码单元。

（6）手动上升按键：当刻码处于手动状态时，此按键可以手动控制顶升上升或下降。

（7）指示灯：黄色闪烁表示正常工作中；红色常亮表示放行超时、可能卡盘等报警；绿色常亮表示屏蔽自动刻码单元。

4.2　自动化检定流水线维护保养

电能表自动化检定流水线属于连续运转的机电一体化设备系统，涉及机械、电气、控制、气动及信息化等专业领域，其维护保养的质量直接影响该流水线运行的可靠性和寿命。国网北京市电力公司在总结运行维护经验的基础上，编制形成了计量设备"七线两库"自动化检定与智能仓储系统的运维手册，以具体指导装置的维护保养。下面主要介绍电能表自动化检定流水线维护保养的通用要求、专项要求，以及各功能单元模块维护保养的具体要求、周期、内容及标准。

4.2.1 自动化检定流水线维护保养通用要求

1. 维护人员资格与操作规定

（1）非经严格培训过的专业人员禁止操作。

（2）对运转中的设备进行维修时不得戴手套，不得打领带，胸前不得挂标牌。

（3）女同志长头发必须盘起。

（4）使用时严格按照操作说明操作。

（5）设置现场危险警示标志。

（6）设备运行过程中，应避免无关人员靠近设备，以免发生危险。

2. 维护保养安全规定

（1）非经严格培训的专业人员禁止操作。

（2）维护时严格按照操作说明操作。

（3）现场维修须拌维修警示牌，不得违规操作。

（4）设备维护时请切断电源、气源。

（5）设备维护过程中，应避免无关人员靠近设备，以免发生危险。

4.2.2 自动化检定流水线维护保养专项要求

4.2.2.1 输送单元

本小节针对涵盖皮带、链条、辊筒式的输送线的维护和保养进行说明。

1. 一般要求

（1）不得在辊柱机辊筒上及链式机链条上行走。

（2）在设备启动前要确保安全，必须先确认设备是否有人正在维修，确保设备处于正常状态才能启动。

（3）必须按零部件使用寿命要求或维护周期定期更换及维护相应部件。

（4）必须定期清扫设备，保持设备清洁。

（5）设备操作和维护人员必须休息好、注意力集中、精力充沛。

（6）体质虚弱者不得操作和维护设备。

2. 维护保养

对输送单元的维护保养分为日常检查和定期检查两种，同时由于输送线链条等传动、滚动部件较多，需进行定期润滑。

（1）日常检查。日常检查主要由操作人员或其他指定人员进行，具体检查情况如表 4-1 所示。

表 4-1　　　　　　　　　　　日常检查项目

检查内容	检查标准	检查时间
光电开关是否正常	镜反式：黄、绿指示灯常亮	上电后系统未进行生产任务前
	慢反式：绿灯常亮	上电后系统未进行生产任务前
空气压缩机是否正常	气压大于 7MPa、显示屏无报警	上电后系统未进行生产任务前
磁性开关指示气缸位置是否正常	位置红色指示灯常亮	上电后系统未进行生产任务前
配电箱指示灯指示是否正常	带电指示灯常亮	上电后系统未进行生产任务前
系统所有急停是否打开	急停处于打开状态	上电后系统未进行生产任务前
电控系统联机后系统是否报警	系统显示待机无故障灯亮起	上电后系统未进行生产任务前
触发电磁阀动作检测	气缸根据触发变动位置，磁性开关根据位置改变亮暗	上电后系统未进行生产任务前
环境检查	环境整洁、无脱落物	每天下班前检查

（2）定期检查。定期检查由指定的维护人员进行，具体检查情况如表 4-2 所示。

表 4-2　　　　　　　　　　　定期检查项目

部件 / 器件	检查内容	周期
主动链轮	功能是否正常，玻璃面是否洁净	三个月
被动链轮	是否松动，磨损情况，回转时有无异常声音、振动	三个月
输送链条	任意三十节，伸长率 2% 以内，是否润滑良好，回转时有无异常声音、振动	三个月
链条张紧器	功能是否正常	三个月
摩擦离合器	功能是否正常	三个月
轴承	有无明显的弯曲和扭曲，有无破损、龟裂，有无异常的声音、振动，温升是否正常	一个月
链条挡块	是否松动	三个月

部件 / 器件	检查内容	周期
光电开关支架	是否松动	一个月
光电开关	功能是否正常，玻璃面是否洁净	一个月
光电条码扫描装置	功能是否正常，玻璃面是否洁净	一个月
PLC / 变频器	功能是否正常，有无报警，出风是否过热，是否有异味	一个月
辊道辅助输送辊筒	是否变形严重	六个月
多楔带	是否松动，磨损情况，回转时有无异常声音、振动	三个月
电磁阀	功能是否正常，安装是否牢固，进出气端是否漏气	三个月
直线轴承	有无明显的弯曲和扭曲，有无破损、龟裂，有无异常的声音、振动，温升是否正常	三个月
气缸	功能是否正常，安装是否牢固，进出气端是否漏气	一个月
光电开关	功能是否正常，玻璃面是否洁净	一个月
信号灯、按钮等	功能是否正常，指示是否正常	二周
直线轴承	有无明显的弯曲和扭曲，有无破损、龟裂，有无异常的声音、振动，温升是否正常	三个月
传动链条	任意三十节，伸长率 2% 以内，是否润滑良好，回转时有无异常声音、振动	三个月
输送皮带	是否松动，磨损情况，回转时有无异常声音、振动	三个月
电磁阀	功能是否正常，安装是否牢固，进出气端是否漏气	一个月
光电开关	功能是否正常，玻璃面是否洁净	一个月
气缸	功能是否正常，安装是否牢固，进出气端是否漏气	一个月

（3）润滑。具体检查情况如表 4-3 所示。

表 4-3 润滑项目

单元	润滑部件	周期
链式输送机	输送链条	每月
	传动链条	每月
	轴承	每月
气缸	直线气缸	每月
链式输送机	减速器	36 个月换油 1 次

4.2.2.2 RGV

对 RGV 的维护保养分为日常检查和定期检查两种。

1. 日常检查

（1）如图 4-41 所示，启动 RGV 前需检查导轨上是否有异物，若发现请及时处理，以免损坏导轨及车轮。

图 4-41　RGV 导轨清洁部位示意图

（2）RGV 上电后检查指示灯是否正常运行。

（3）RGV 上表过程中检查挂表位置是否正常，下表过程中检查机械手放于托盘位置是否正常，发现异常及时进行调整。

2. 定期检查

（1）每周检查 RGV 夹爪垫是否脱胶。若脱胶，应及时更换以免造成抓表错误，如图 4-42 所示。

图 4-42　RGV 机器人机械手

（2）每周检查 RGV 运行时是否会发出噪声，一般为封板松动所致，需及时锁紧封板上的螺钉。

（3）如图 4-43 所示，每月检查机械手上的相机是否有松动，松动会导致拍照抓表位偏移，如有发现需及时处理，然后进行抓表测试，判断是否对抓表造成影响。

图 4-43　RGV 机器人相机

（4）每季度检查 RGV 真空泵工作压力是否正常，查看减压阀上压力是否低于 0.5MPa。

（5）每季度检查 RGV 导轮是否有松动现象，避免小车偏移位置。

（6）如图 4-44 所示，每年检查小车驱动轮安装座上螺钉是否有松动，包胶轮磨损是否严重，四个轮子是否都与导轨完全接触。

（7）每年用激光测量两根导轨直线度是否满足要求，每 500mm 范围内不得超过 2mm，整条直线度不得超过 6mm。

（8）每三年检查小车轮子轴承是否有磨损，若轴承出现噪声，及时更换轴承。

图 4-44　RGV 小车驱动轮

4.2.2.3 上下料机器人

对上下料机器人的维护保养分为日常检查和定期检查两种。

1．日常检查

（1）检查气管有无破损漏气。

（2）检查上下料机器人接线是否松动。

（3）检查上下料机器人吸盘海绵是否破损。

（4）检查上下料机器人运行指示灯是否正常。

2．定期检查

（1）每周检查真空吸盘吸附情况。确保吸附力完好。定期打开消声器口，在真空口接入正压力除去真空吸盘的杂质，如图 4-45 所示。

图 4-45　真空吸盘正负压切换

（2）每月对机械臂动作摩擦的部分进行润滑。

（3）如图 4-46 所示，每月清洁真空吸盘过滤器，以免造成真空堵塞。

图 4-46　真空吸盘过滤器

4.2.2.4　外观检查单元

对外观检查单元的维护保养分为日常检查和定期检查两种。

1.　日常检查

（1）检查气管有无破损漏气。

（2）检查光源、相机运行状态是否正常。

（3）检查相机摄像头是否有异物遮挡，发现异物及时清理。

2.　定期检查

（1）每周检查外观检查单元压接是否顺畅，表托辅助针电流针是否有变形，如图4-47所示。

图4-47　电流针外观检查

（2）每季度检查相机运行参数是否设置正确，发现异常及时进行校正。

（3）每年检查相机与镜头之间是否有松动，如图4-48所示。

图4-48　相机外观检查

4.2.2.5 耐压检测单元

对耐压检测单元的维护保养分为日常检查和定期检查两种。

1. 日常检查

（1）检查气管有无破损漏气。

（2）检查耐压检测单元安全防护罩是否完好无损。

（3）检查耐压检测单元运行过程中电压输出是否正常。

2. 定期检查

（1）每周检查耐压检测单元压接是否顺畅，表托辅助针电流针是否有变形，如图4-49所示。

图 4-49 耐压检测单元

（2）由于耐压检测工作时禁止靠近，每月人工把安全防护罩翻盖掀起，检查整个测试单元是否断电，从而保护人身安全。

（3）每年检测耐压试验仪，如设备能否正常升压、测试电压是否稳定、检测运行指标是否正常。

4.2.2.6 自动刻码单元

对自动刻码单元的维护保养分为日常检查和定期检查两种。

1. 日常检查

（1）检查气管有无破损漏气。

（2）检查设备清洁程度，去除刻码残余物。

（3）检查现场温湿度，由于激光刻码机机内存在高压，严禁在过于潮湿的环境中使用，以免引起高压打火。

（4）检查表计刻码是否位置正确、二维码是否清晰，若异常，及时对激光刻码机进行调节。

2．定期检查

（1）如图4-50所示，每月检查自动刻码单元顶升气缸是否同步，若不同步调节气缸节流阀。

调节上下螺钉使两边顶升速度同步

图4-50　激光刻码机顶升气缸

（2）每季度检查激光刻码机运行参数是否设置正确，发现异常及时进行校正。

4.2.2.7　自动贴标单元

对自动贴标单元的维护保养分为日常检查和定期检查两种。

1．日常检查

（1）检查气管有无破损漏气。

（2）检查设备清洁程度，去除贴标残留物。

（3）检查贴标纸和碳带是否足够使用。

（4）检查表计贴标后，打印字体是否清晰，信息与表计是否一致，发现异常及时进行处理。

2. 定期检查

（1）定期对贴标机机械结构进行润滑。

（2）定期检查并校正自动贴标机运行参数。

（3）每月检查贴标头是否正常、吸标孔是否有堵塞，如图 4-51 所示。

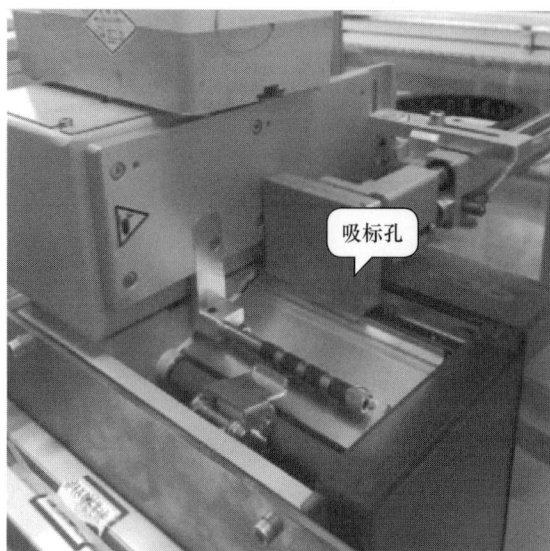

图 4-51　贴标头检查

（4）每季度检查抓表旋转气缸是否旋转到位，检查旋转到位气缸调节螺钉是否松动，如图 4-52 所示。

图 4-52　抓表旋转气缸

（5）每季度检查贴标机运行参数是否设置正确，发现异常及时进行校正。

4.2.2.8　多功能检定单元

对多功能检定单元的维护保养分为日常检查和定期检查两种。

1. 日常检查

（1）检查表位插针是否存在弯曲、损坏、缺失等问题。

（2）检查检定装置表座是否存在烧坏、损毁等问题。

（3）检查检定装置各表位运行状态指示灯是否正常。

（4）检查表计压接是否正确和牢固。

（5）检查工业控制计算机是否存在病毒等异常情况，避免计算机中毒导致设备无法正常运行。

2. 定期检查

（1）每月检查检定装置内部清洁状况，特别是需要清理功率放大器内部和风扇灰尘。

（2）每年对检定装置的标准电能表、时钟源进行检测校准，确保检定结果准确可信。

第 5 章

自动化检定流水线
智能运维技术

本章主要阐述自动化检定流水线智能运维技术及系统的基本情况，首先针对自动化检定流水线智能运维系统进行总体介绍，然后对其各项应用功能及系统软件应用情况进行详细说明。

5.1 智能运维技术概况及系统架构

已经建成投运的自动化检定流水线系统相比于之前的人工检定来说，检定效率、可靠性及标准化程度均大幅提升。然而，电能表自动化检定流水线属于连续运转的机电一体化设备系统，涉及机电控制、信息通信、数据管理及设备运行维护等大量工作，十分烦琐，有必要引入状态监控、流程优化、故障预警等先进的智能化运维技术，进一步提高自动化检定流水线的工作效率和可靠性。因此，国网北京市电力公司率先进行了研究和试点应用，取得了良好的成效。

5.1.1 智能运维技术概况

为了进一步提高自动化检定流水线的工作效率、可靠性和智能化运维水平，充分利用自动化巡检和智能诊断技术，通过开展设备状态评价、智能化运维和常态化的运维智能分析，适时开展预防性维护和保养，形成管理过程中的自动化、智能化，更加及时、准确地掌握设备状态，提升生产运维效率和质量。

当前自动化检定流水线急需通过技术手段将不同的自动化设备进行联网，实现设备分布式网络通信、过程参数集中管理、控制策略高效灵活，将设备融入整个信息化系统，改变设备信息孤岛的局面。实现对底层设备和高端设备远程、实时的精准监控与数据自动采集。通过网络系统，可监控设备实时状态、异常情况，并进行及时预警，对部分具代表性的设备故障开展自愈性探索。

研究开发的智能运维系统能够自动监控流水线的实时运行状态，实时获取各功能单元的异常情况，具备底层设备信息采集、数据纠正、故障告警等功能，能够监控多功能检定单元的具体检定进度。

同时，智能运维系统为自动化检定流水线备品备件管理提供全面的技术支撑。可实现对计量生产自动化系统的库存统计分析、库存预警、备品备件采购及出入库等管理，并综合设备故障率、设备及生产单元寿命、设备运行工况数据等设备健康因素，进行设备健康状态评价。

此外，智能运维系统为自动化检定流水线运维提供支撑功能。可设置设备的周期点巡检计划和维护保养工作计划，实现运维工作精益化、自动化、科学化开展。实现设备点巡检、故障处理及检修保养等运维作业流程化闭环管理，实现任务派工、待办查询、现场检修信息录入等。建立运维知识库，实现故障处理方案的智能匹配和推送，提升运维工作效率。

最后，智能运维系统能够基于流水线运行数据，统计各单元生产节拍，监控各单元生产效率，进行流水线负荷率计算，从而进行产能评估。

5.1.2　智能运维系统软件架构

智能运维系统是自动化检定流水线的运维中心，智能运维软件从各个线体检定软件中获取设备运行状态和实时检定数据，经过分析和处理将信息通过计算机 Web 浏览器和移动作业终端 APP 展示给用户。系统的软件架构图如图 5-1 所示。

图 5-1　软件架构图

智能运维系统由展示层、业务接口层、业务逻辑层、数据层和设备接口层组成，其中每一层的作用如下。

（1）展示层：负责人机交互，提供友好的界面，可以通过计算机 Web 浏览器和移动作业终端 APP 查看，实时显示全部检定区域或者指定检定区域的所有工位及检测单元的异常信息、各检定单元实时运行状态、当前检测任务和被测设备信息。检测系统出现异常信息后，会进行报警推送，移动作业终端会被唤醒并播放报警声音。各单元运行状态分为三种，即空闲、运行、报警，在界面上分别用绿色、黄色、红色来区分。

（2）业务接口层：负责承上启下，是逻辑层对外交互的窗口。当外部系统改变时，只升级接口层不升级核心的应用层，降低系统的耦合性。

（3）业务逻辑层：是整个系统的核心部分，包含设备状态监控、备品备件管理、产能评估、运维支撑等功能。除此之外，应用层还包含在线考试、用户管理、权限管理等相关支撑性的功能。

（4）数据层：通过对象关系映射（object relational mapping，ORM）对数据进行持久化，将备品备件信息、设备状态信息、设备运维信息、系统配置参数等保存到数据库中，带有数据缓存加速检索，并能够定期备份数据库避免数据丢失。

（5）设备接口层：负责与线体检定软件进行交互，由配套的接口与之通信，接收上层发过来的命令进行采集和控制。能够获取设备状态信息、设备报警信息、试验进度、试验结果。可以将应用层的命令传递给相应的设备，完成数据交互，如图 5-2 所示。

图 5-2 设备采集接口

5.2 智能运维系统应用功能设计

应用功能包括装置状态监控、备品备件管理、产能分析、运维支撑四大业务模块，另外还有辅助功能模块和辅助系统运维模块，其应用功能示意图如图 5-3 所示。

业务模型构建过程中，充分利用自动化巡检技术和智能诊断技术，结合自动化检定流水线已有数据资源，对自动化设备运行指标进行全面监控，实现预防性维护。

图 5-3 智能运维系统应用功能

按照组件划分，智能运维系统包括三部分：后台服务、客户端、WebService 服务。

（1）后台服务，功能包括实时状态、异常信息、热力图、维护图、历史异常记录、检表状态、数据分析、监控。

（2）客户端，可以部署在多个台式机，包括 Web 浏览器和移动作业终端 APP 两种展现形式，当计算出特定类型的属性发生异常状况时，调用 WebService 服务告知后端。

（3）WebService 服务，对内部提供异常通知接口，异常通知接口被调用时，保存异常信息到数据库，并将异常信息推送到智能运维系统。对外部提供状态通知接口，当状态通知接口被调用时，将状态信息推送到智能运维系统。

5.2.1 装置状态监控功能

具备多功能检定单元状态监控功能，能够展示流水线多功能检定单元的运行状态和检定进程，通过进度条方式展示当前检定项目并预估检定时长，能够对异常停止运行的台体进行告警，能够识别表计放歪、异常压接等并进行告警。该应用功能的模块如图 5-4 所示。

图 5-4　装置状态监控模块

能够监测的数据项如表 5-1 所示。

表 5-1　　　　　　　　　　　　　监测数据

设备名称	常见问题	数据采集项	数据来源
射频门	（1）射频门存在设备隐患，需要通过预防性维护来降低故障率以此提高整体运行稳定性； （2）由于滑块磨损、固定螺栓松脱或者气压源压力不足，气动机械结构可能出现异常； （3）设备自带的传感器异常，会导致设备无法正常工作； （4）软件故障出问题多样化，故障原因不确定	气压	PLC
		报警信息	PLC
		检测开关位置信息	PLC
自动挂表单元	（1）由于气管磨损或者气压源压力偏低，存在掉表风险； （2）机器人本体电动机及传动部件存在故障隐患，需要预防性维护； （3）控制柜温度偏高，对柜内的伺服驱动器及电子元器件运行非常不利，可能存在烧坏或者老化加速	气压	PLC
		设备报警	PLC
		电流	PLC
		扭矩	PLC
		控制柜温度	PLC
多功能检定单元	（1）由于气管磨损或者气压源压力偏低，存在压接不可靠风险； （2）辅助端子个别弯曲和压接不牢靠，造成不合格率升高； （3）主接线端子由于压接不牢靠，温升过高，对接表座造成损坏； （4）表位接线测试不合格； （5）有功／无功脉冲无法输出	气压	PLC
		设备报警	PLC
		端子温度	PLC

续表

设备名称	常见问题	数据采集项	数据来源
自动贴标单元	（1）负压偏低或负压气孔堵塞造成负压不足，标签贴不到表头，导致贴标不良； （2）卡纸； （3）标签清晰度不高	负压	PLC
		设备报警	PLC
		卡纸报警指示灯	PLC
		清晰度	PLC
		标签数量	PLC
输送单元	（1）物料输送不到位或周转箱变形导致卡箱现象，造成电动机电流出现异常和温度升高； （2）输送线皮带磨损严重或带入异物，导致出现震动、异响； （3）输送线出现跑偏、打滑现象	电流	PLC
		设备报警	PLC
		转速	PLC
		温度	PLC
		震动	PLC
堆垛机	物料输送不到位或周转箱变形或纸箱受潮导致卡箱现象，造成电动机电流出现异常和温度升高	气压	PLC
		温度	PLC
		报警信息	PLC
		检测开关位置信息	PLC
IT 资源	CPU 占用率过高，内存占用率、读写速度、进程队列长度以及磁盘访问时间会影响系统的运行	CPU 利用率	服务器代理程序
		内存利用率	服务器代理程序
		I/O 读写	服务器代理程序
		进程队列长度	服务器代理程序
		磁盘访问时间	服务器代理程序
下料单元	（1）下料堆垛机，出垛超时，上传数据慢； （2）不合格表打封印（软件判断问题）； （3）运行错误； （4）表箱验证失败，扫码失败； （5）数据库上报组垛信息失败； （6）表箱信息状态错误； （7）堆垛机不放行，箱子与立库仍存在关系； （8）RFID 读取问题； （9）检定信息上传失败； （10）检定完成后信息保存出现错误； （11）立库接口调用失败	网络情况	服务器代理程序
		软件平台错误日志	PLC
		设备报警	PLC
上料单元	（1）数据上传失败； （2）网络连接不畅；	软件运行日志	PLC
		网络情况	服务器代理程序
		设备报警	PLC

续表

设备名称	常见问题	数据采集项	数据来源
上料单元	（3）机器人程序修改但未保存； （4）资产信息下发失败	数据保存日志	PLC
		接线测试数据	PLC
		气压	PLC
		电压、电流	PLC
		设备报警	PLC
		刻码机软件运行日志	PLC
		打码机位置	PLC
外观检查单元	（1）试验结束不放行； （2）试验结论全部不合格	数据保存日志	PLC
		设备报警	PLC

实际系统中装置状态监控功能模块如图 5-5、图 5-6 所示。图 5-5 可以直观看到流水线各功能单元的实时运行状态，分为空闲、运行和故障，可以观察各单元运行状态是否正常。一旦出现故障，可第一时间发现并进行处理，提升故障处理效率。

图 5-5　系统运行状态监控

图 5-6 试验进度监控

5.2.2 备品备件管理功能

该功能建立了备品备件管理模块，实现备品备件采购、库存、申领、出入库的综合管理，能够基于备品备件的使用频率、相关联设备的健康状况、费用成本等因素进行智能分析，定期输出备品备件库存数量建议，并对库存不足的备件进行预警，如图5-7 所示。

图 5-7 备品备件管理模块

（1）库存分析：库存分析包括统计分析和库存预警。统计分析，实现备品备件的库存情况统计、使用情况统计、多维度费用成本统计，可在系统和移动运维终端上查看。库存预警，根据备品备件的使用频率、相关联设备健康状况、费用成本等因素，建立合理库存模型，定期输出备品备件库存数量建议，输出备品备件库存预警表，并对低于库存阈值的备品备件和申购流程进行优先级评级，便于对优先级高的进入优先或紧急采购流程。

（2）库存管理：实现对备品备件的添加、修改、删除、导出、查看详细信息等功能。按库存预警、自定义查找等查看配件信息。

（3）备品采购管理：实现备品备件采购申请及审批流程，便于对备品备件采购进行规范管理。

（4）出入库管理：实现备品备件新购入库、领用出库、退还入库时，系统自动生成或运维人员在系统或移动运维终端上填写相应单据，并在任务管理待办任务中形成审批任务，综合备件金额、用途等因素，经相应管理人员审批后，配件库存数和库位数等信息自动变化。

实际系统中备品备件管理模块如图 5-8 ~ 图 5-11 所示。

图 5-8 库存分析

图 5-9　库存管理

ID	物料名称	库存预警	数量	单价(元)	总价(元)	备注
4	阻挡气缸	超出	70 件	291.43 元	20,400.00 元	
3	对射光电开关	正常	19 件	81.58 元	1,550.00 元	
2	被动辊筒	不足	0 件	1,500.00 元	0.00 元	
1	主动辊筒	不足	2 件	1,500.00 元	3,000.00 元	

图 5-10　备品采购管理

ID	采购单编号	供应商	付款金额	制单人	制单时间	制单部门	操作
16	CG2023072 71		1,500.00 元	admin	2023-07-27 18: 51:11	1	
15	CG2021011 33		18,000.0 0元	admin	2021-01-13 11: 10:37	1	
14	CG2021011 32		6,800.00 元	admin	2021-01-13 11: 04:11	1	
13	CG2021011 31		33,150.0 0元	admin	2021-01-13 10: 03:08	1	
10	CG2020122 51		0.00元	admin	2020-12-25 14: 43:10	1	
9	CG2020122 24	厚达	14,000.0 0元	admin	2020-12-22 18: 40:59	1	
8	CG2020122 23	厚达	13,000.0 0元	admin	2020-12-22 18: 38:37	1	

图 5-11　出入库管理

5.2.3　产能分析功能

产能分析功能建立检定线产能评估模块，基于生产线布局设计、设备组成及设备节拍、生产流程、设备状态等因素，建立生产线产能评估方法，实现理论检定产能查定、实时产能评估等具体功能，如图 5-12 所示。

图 5-12　产能分析模块

（1）生产模型管理：基于检定生产线布局设计，管理配置生产线设备组成、设备工艺参数、设备节拍、生产流程等。

（2）理论产能查定：建立检定生产线产能评估初始指标体系，构建离散型生产线产能评估模型，对生产线产能进行理论产能评估。

（3）实时产能评估：基于生产线实时运行数据，利用产能评估模型进行产能实时计算和预测，结合生产线的查定产能，计算出生产线的现实产能和产能差异，并利用历史信息和检定系统运行状态，监控数据传输速率，检测网络状态，预测当日检定产能。

实际系统中产能分析模块如图 5-13、图 5-14 所示。

图 5-13　实时产能评估

图 5-14　理论日产能

5.2.4 运维支撑功能

运维支撑功能建立运维支撑模块，对设备故障信息、巡检数据、维护保养记录等信息进行处理及记录，同时进行系统的辅助决策分析，如图5-15所示。

（1）运维指标展示：今日故障数/完成数，今日维修计划数/完成数、本月维修计划数/完成数，今日维护保养计划数/完成数、本月维护保养计划数/完成数等。

图5-15 运维支撑模块

（2）设备管理：

1）实现对设备具体信息的增删改查，便于对设备信息进行管理。

2）故障处理：基于故障维修、检修记录和故障标准库，针对评级为低级别或常见的设备故障，自动根据故障处理方式对系统操作软件进行操作，对于不能自动处理的故障，推送至系统展示界面，提醒运维人员干预。

3）建立故障标准库，规范系统运行过程中报警原则、报警内容、报警处理等，统一生产自动化系统各子系统故障语义，便于运维人员对故障的理解及快速处理，生产自动化系统各子系统按照统一故障标准库进行故障信息标准化和提报。

4）根据主、子设备特性，分别预设置周期性设备维护保养和检修计划，系统根据时间周期，到期后自动生成维护保养和检修任务单。

（3）记录查询：集中展示设备的故障报修记录、设备检修记录、维护保养记录，以及处理详情。

（4）流水线配置：提供基于设备档案的一站式管理。其中设备档案管理支持设备级联管理，即主子设备管理。例如挂表机器人设备台账可划分为主设备（挂表机器人）、子设备（机械手、机械臂、底座、电控控制系统）。方便针对不同子设备开展精准个性化的巡检、报修、检修、维护和保养工作。

（5）关联文档：实现对设备图纸、技术文档、使用手册等文档的上传和查看，便于运维保养时查看。

实际系统中运维支撑功能如图 5-16~图 5-21 所示。

图 5-16　运维指标展示

图 5-17　设备管理

图 5-18　标准故障库

ID	设备名称	设备标识	现象	原因	解决方式	编辑
2	箱表验证单元	XBYZ	警示灯亮红灯，表箱无法通过	一般为扫码头扫描箱条码失败所致	中间件系统触发重新扫描，若仍无法通过，更改箱条码位置或手动微调扫码头位置重新扫描	编辑 删除
3	箱表验证单元	XBYZ	表计无资产信息，从异常口排出	网络传输延迟	待表计信息传输完成后重新通过该单元，若任务着急联系仓储运维人员手动发送表计信息	编辑 删除
4	上料单元	SL	机械手抓表或放表位置不正，机械手报警	表箱内壳规格不标准，一般为内壳过小或变形导致在箱子中位置不固定	手动恢复表计位置，重启上下料机械手	编辑 删除

图 5-19　故障记录

设备编号	设备名称	故障发生时间	故障修复时间	发生故障	故障原因	处理	故障状态
DG08	多功能单元08	2023-06-01 13:04:04	2023-06-02 09:53:13	不合格数目超过设置的个数			已处理
GB02	挂表单元2	2023-05-31 15:39:16	2023-06-02 09:53:13				已处理
WG01	外观检查单元1	2023-03-14 13:50:40	2023-03-14 16:19:34				已处理
NY02	耐压试验单元2	2023-03-14 13:42:55	2023-03-14 16:19:34				已处理
NY01	耐压试验单元1	2023-03-14 13:42:53	2023-03-14 16:19:34				已处理
DG10	多功能单元10	2023-03-14 09:49:10	2023-03-14 16:19:34	装置输出异常			已处理
GB01	挂表单元1	2023-03-10 12:39:09	2023-03-14 16:19:34				已处理
XBBD	入库核对单元	2023-03-10 10:16:43	2023-03-14 16:19:34				已处理

图 5-20 检定流水线配置

流水线/单元系统	单元标识符	表位	备注	编辑
、单相检定流水线1	201		单相检定流水线1	编辑 删除
入库核对单元	XBBD	15		编辑 删除
上料单元	SL	3		编辑 删除
下料单元	XL	3		编辑 删除
箱表验证单元	XBYZ	15		编辑 删除
耐压试验单元1	NY01	12		编辑 删除
耐压试验单元2	NY02	12		编辑 删除
外观检查单元1	WG01	3		编辑 删除
外观检查单元2	WG02	3		编辑 删除
刻码单元	KM	1		编辑 删除
贴标单元	TB	1		编辑 删除

图 5-20 检定流水线配置

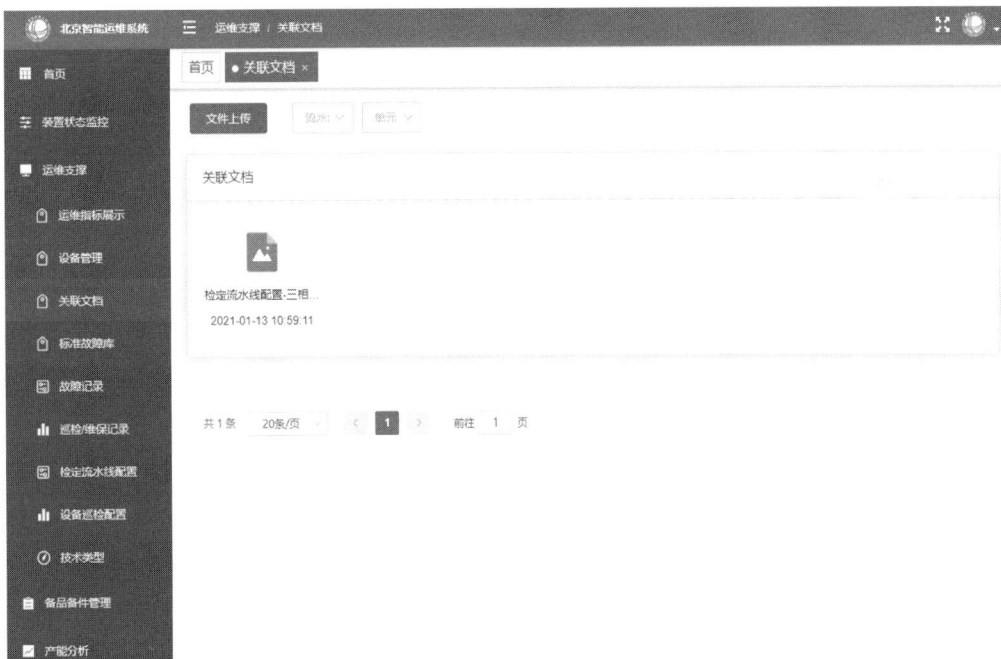

图 5-21 关联文档

5.2.5 辅助功能

除了具体业务功能外，管理软件还有权限管理、运维培训等辅助功能，如图 5-22 所示。

图 5-22 辅助功能模块

（1）权限管理：对各级部门组织、操作员账号，通过系统权限管理平台实现集中设置与管理，从用户角色管理、功能、数据授权、身份认证、功能模块权限、控制策略方面进行权限管理控制。

1）用户和角色管理：根据系统的业务特点和管理需要，制订不同的用户角色，根据各部门的组织结构建立用户和用户关系，通过授权程序进行功能和数据授权。

提供统一的授权程序，系统中的所有应用功能和数据都纳入授权范围，提供统一授权或分层授权的功能，加强系统访问的安全管理。

2）模块管理：配置不同模块的图标、路径和子路径等基本信息。

3）部门管理：设定用户所属运维部门，并对用户开展管理。

（2）运维培训：针对运维人员进行运维知识培训考试，使得运维人员具备与职责相匹配的知识水平，保障现场运维能够顺利开展。

1）在线考试：可以生成考试试卷，运维人员在线答题，答题完成后系统自动判定考试成绩。

2）考试结果：可以查询考试人员的成绩，如果运维人员没有通过考试不能进入现场运维，需要进行补考，通过考试后方可开展运维工作。

3）题库管理：进行题库设置，可以按照格式要求上传题库文件，也可以在系统中进行试题在线编辑，题库中试题设置需贴合自动化检定流水线运维实际情况，以现场运维中常见问题为主。

实际系统中部分辅助功能模块如图 5-23、图 5-24 所示。

图 5-23 权限管理

图 5-24 在线考试

虽然这是系统辅助管理功能，但同样非常重要，针对不同级别用户设置不同权限，保障系统的使用规范性和安全性，避免因用户权限问题导致出现违规操作，破坏系统安全性。针对运维人员组织考试保障运维工作的规范性，确保运维人员操作规范和人身安全，避免出现安全事故。

5.3 智能运维系统软件设计与应用成效

5.3.1 软件设计原则

智能运维系统软件设计上始终秉持面向服务、层次分离的思想，并将系统高可靠性、高扩展性、高灵活性和低耦合性的原则贯彻始终。

1. 面向服务

智能运维系统通过服务整合应用逻辑，提高系统的数据协调能力，有效地降低数据存取负载，同时通过负载均衡的方式提高系统扩展能力。

界面、逻辑、数据和控制相分离的层次结构，通过规划系统服务和应用服务，使系统的人机界面部分与应用逻辑和数据存储相分离，降低了相互之间的影响，提高了系统的适应性。

通过规划资源管理子系统，对管理层面与控制层面进行连接和缓冲，将各层面的变更尽可能消弭在各自的层面之中，降低对其他层面的影响。

2. 高可靠性

智能运维系统在各个层面都采用了并行等技术手段来保证系统的高可靠性，同时在应用层面规划了多种应急保障措施来避免灾难的发生，保障软件系统稳定运行。

在设备访问层面，软件采用了高并发低延迟的通信框架，框架成熟稳定，已在多个项目中投产使用，可以在多线程并发的情况下长时间稳定运行。

在数据访问层面，软件采用哈希字典、数据缓存等方式，可以快速检索内存数据，保证数据之间的传递高效可靠。

3. 高扩展性

系统在设备控制层面、数据访问层面和应用层面都规划设计了很强的扩展能力。

在设备控制层面，通过增加设备驱动的方式增加对新型软硬件设备的支持能力。

在数据访问层面，软件采用了流行的 ORM 实体框架，可以方便地切换数据库，能够快速映射数据表结构，方便未来的业务扩充。

在应用层面上，通过增加应用服务器的方式提高系统在应用处理上的负载能力。

4. 高灵活性

通过采用消息中间件技术，使系统在网络通信、部署上具备很高的灵活性。

通过界面与代码分离、动态界面生成等技术，使系统在应用界面设计上具备极高的灵活性，并且可以随需进行界面设计。

通过插件、脚本等技术的应用，使系统对于环境和需求的变化具备很高的适应能力。

5. 低耦合性

智能运维系统通过服务接口的设计，使各子系统只在接口层面上进行耦合，完全屏蔽了子系统内部的关联，将各子系统内部的变更对其他子系统的影响降到最低。

通过规划独立的事件服务，将各子系统绑定到一个简单、稳定的服务上，进一步削减了各子系统之间的耦合度。

5.3.2 软件接口设计

接口采用 WebService、WebService+ 中间库及中间库三种接口模式，数据量较小的实时交互信息采用 WebService 接口方式传递，数据量较大的实时交互信息采用 WebService+ 中间库接口方式传递，数据量较大的定时交互信息采用中间库接口方式传递。接口交互信息记录在中间库日志表中。

接口设计原则符合共享性、安全性、可扩充性、兼容性和统一性的要求，对同类系统统一接口规范。

系统接口的方式：SOAP（WebService）或 Socket 通信等，数据通信采用 XML 标准语言格式，同时要求对传输数据进行加密。其中与计量生产管理平台通信可按业务类型采用 WebService、WebService+ 中间库和中间库三种接口方式，下层控制系统内部可采用 Socket 通信。

WebService 调用满足以下要求：①接口调用时需要用日志号获取函数获取存储日志号，作为接口调用日志的唯一标识；②写入中间库需要用操作号获取函数获取操作标识，作为中间库业务交互数据的唯一标识；③每个接口调用超时时间为 30s。

1. WebService 模式

WebService 模式用于实时交互并且数据量不大的场景。

2. WebService+ 中间库模式

WebService+ 中间库模式用于实时交互并且数据量较大的场景，其接口交互流程如图 5-25 所示。

具体流程如下：

（1）发起方调用日志号获取函数获取存储日志号，并调用存储接口将日志写到中间库日志表中。

（2）发起方将需要的数据存储到中间库表中。

（3）发起方调用接口向接收方发送数据。

图 5-25　WebService+ 中间库接口交互流程图

（4）接收方收到数据后调用日志号获取函数获取存储日志号，调用存储接口将日志写到中间库日志表中。

（5）接收方从中间库获取数据并进行业务处理。

（6）业务处理结束，接收方调用日志号获取函数获取存储日志号，并调用更新日志接口将日志更新到中间库日志表中。

（7）接收方向发起方回馈结果。

（8）发送方收到回馈结果后，调用日志号获取函数获取存储日志号，并调用更新日志接口将日志写到中间库日志表中。

3. 中间库模式

中间库模式主要用于大量数据定时交互的场景，其接口交互流程如图 5-26 所示。

图 5-26　中间库模式接口交互流程图

具体流程如下：

（1）发起方调用日志号获取函数获取存储日志号，并调用存储接口（SaveLog）将日志写到中间库日志表中。

（2）发起方将需要的数据存储到中间库表中。

（3）接收方从中间库获取数据，并进行业务处理。

（4）接收方调用日志号获取函数获取存储日志号，调用存储接口将日志写到中间库日志表中。

5.3.3　软件性能指标

1．系统响应指标

（1）常规操作响应时间小于 10s。

（2）设置操作响应时间小于 15s。

（3）90% 界面切换响应时间小于等于 1s，其余小于等于 3s。

（4）在线热备用双机自动切换及功能恢复的时间小于 30s。

2．系统可靠性指标

（1）控制正确率大于等于 99.99%。

（2）系统年可用率大于等于 99.5%。

（3）系统故障恢复时间小于等于 2h。

（4）保证 $7 \times 24h$ 不间断稳定运行。

（5）软件系统具备手动或自动恢复措施。

（6）数据交互准确率为 100%。

3．设备负荷率及容量指标

（1）在任意 30min 内，各服务器 CPU 的平均负荷率小于等于 35%。

（2）在任意 30min 内，各工作站 CPU 的平均负荷率小于等于 35%。

（3）检定数据备份、存储运行维护日志等数据在线存储大于等于 6 个月。

5.3.4　应用成效

智能运维系统自 2021 年正式上线以来，累计预警故障 150 项，通过监控检定装置试验进度，发现检定异常状况 20 次，缩短故障持续时间 50h，同时节约人工成本 2 人 / 天，提升了运维水平及故障处理效率。

第 6 章

自动化检定流水线
故障表位识别技术

本章针对自动化检定流水线故障异常表位的及时、准确识别问题进行说明。首先介绍了异常检测常见的方法，然后基于基本误差数据，提出了一种潜在故障表位的识别技术。

6.1 故障异常表位的检测与识别

在自动化检定流水线的检定过程中，智能电能表绝大多数检定项目在多功能检定单元的各个表位开展测试，检定表位的状态直接决定智能电能表检定结果的准确性，因此对自动化检定流水线检定表位开展故障分析，判别异常表位，从而进行维修，对检定工作具有重要的意义。

检定结果中主要测试项为基本误差，基本误差除了能反映智能电能表产品质量外，在一定程度上也能反映表位的状态，如表位长期带电运行会加速接线端子表面材料的氧化速度，导致端子锈蚀，这会直接影响基本误差试验结果，进而影响智能电能表的检定质量。此类故障与接线端子变形等可直观看出的故障不同，其无法从异常基本误差数据中直接得出表位故障信息，因此有必要利用异常检测技术和方法进行分析研究，以及时、准确识别故障异常表位并进行处置。

异常检测的定义是检测数据中不符合行为的异常数据。根据研究应用的领域不同，异常数据也可以称为离群点、污点、不一致点。近年来，异常检测在很多领域都得到应用，如网络入侵检测、故障诊断、疾病检测、身份识别、欺诈检测等。

异常检测问题可以大致总结为两类：一是对结构化数据进行异常检测，其核心思想是找到与正常数据差异大的点，通常把这个点称为离群点，但结构化数据异常检测通常面临的问题就是如何定义边界来区分正常点和异常点；二是对非结构化数据的异常检测，常见检测方法为图像识别，通过对图像的检测，识别出异常点。异常检测通常有两个标准：①异常数据跟样本中大多数数据不一样，差异性大；②异常数据在总体数据样本中所占的比例小。

由于训练的数据集存在不同，异常检测大致分为三类：

（1）全监督异常检测。全监督异常检测就是训练的数据集都被标签化，分别标记成正常和异常。全监督检测算法根据训练集中的标签进行训练，得到网络模型，在测试阶段，通过对网络模型输入未知类别的样本测试，得到输出结果。在现实的实践中，标记样本是个复杂的过程，因此，全监督异常检测的应用范围很窄。

（2）半监督异常检测。半监督异常检测只是对数据集中正常的样本进行标签化，然后通过训练被标签化的正常样本，得到"正常"模型，将数据样本与"正常"模型的偏差定义为异常度，如果异常度大于设定的阈值，最终的输出结果将是异常；相反，如果异常度小于设定的阈值，输出结果将是正常。半监督异常检测面临着和全监督异常检测一样的问题，都需要标签化的样本，因此在实际中应用并不广泛。

（3）无监督异常检测。无监督异常检测的数据集没有任何的标签，无监督异常检测的数据集包含正常数据和异常数据，通常情况下，正常的数据要比异常数据多。无监督异常检测通过训练正常的数据集，得到网络模型，并得到一个异常分类分数，当将测试数据输入到网络模型中，也会得到一个分数，通过比较，如果测试数据得到的分数大于异常分类分数，则测试数据的输出结果为异常，反之则为正常。在实际生产中，通常正常的数据要远远多于异常数据，而且无监督异常检测不需要对数据集进行标签化，所以无监督异常检测应用最为广泛。

6.2 故障异常表位检测常用算法

在具体算法层面异常检测算法的基本思想：用正常的数据去训练模型，得到阈值，然后再去判断新的数据是否异常。常见的三种异常检测算法分别为基于概率统计的算法、基于聚类的算法、基于最近邻的算法。

6.2.1 基于概率统计的算法

基于概率统计的异常检测算决分为两步：第一步，假设数据服从一定的分布，如正态分布、泊松分布；第二步，计算每个点属于这个分布的概率，最后得出该点是否异常。一般情况下根据估计参数的方法来确定分布模型，利用数据集的数据去估计，得到一个估计的模型。在一元正态分布异常检测时，常常利用 3σ 准则。

3σ 准则又称为拉依达准则，它是先假设一组检测数据只含有随机误差，对其进行计算处理得到标准偏差，按一定概率确定一个区间，认为凡超过这个区间的误差，就不属于随机误差而是粗大误差，含有该误差的数据应予以剔除。

3σ 准则是建立在正态分布的等精度重复测量基础上而造成奇异数据的干扰或噪声难以满足正态分布。如果一组测量数据中某个测量值的残余误差的绝对值大于 3σ，则该测量值为坏值，应剔除。通常把等于 $\pm 3\sigma$ 的误差作为极限误差，对于正态分布的随机误差，落在 $\pm 3\sigma$ 以外的概率只有 0.27%，它在有限次测量中发生的可能性很小，故存在 3σ 准则。

3σ 准则是最常用也是最简单的粗大误差判别准则，它一般应用于测量次数充分多（$n \geq 30$）或当 $n > 10$ 做粗略判别时的情况。

多元正态分布中，常用的是基于协方差矩阵的马氏（Mahalanobis）距离。

马氏距离表示数据的协方差距离，是一种有效计算两个未知样本集相似度的方法。马氏距离考虑了样本各种特征之间的联系（例如一条关于身高的信息会带来关于体重的信息，两者之间具有关联性），并且独立于测量尺度。

马氏距离的定义为两个服从同一分布并且其协方差矩阵为 S 的随机变量之间的差异程度。假设有 m 个样本 $X_1 \sim X_m$，协方差矩阵 S，则向量 X_i 与向量 X_j 之间的马氏距离计算公式为

$$D(X_i, X_j) = \sqrt{(X_i - X_j)^\mathrm{T} S^{-1}(X_i - X_j)} \qquad (6-1)$$

从该定义公式可以明显看出，当协方差矩阵 S 为单位矩阵（各个样本向量之间独立同分布）时，此时的马氏距离就变成了欧式距离。若协方差矩阵是对角矩阵，马氏距离就成了标准化欧式距离。

马氏距离不受量纲的影响，两个样本之间的马氏距离与原始数据的测量单位无关，而且能排除变量（样本）之间相关性的干扰。但马氏距离的计算是建立在总体样本的基础上的，即如果拿同样的两个样本放入不同的总体中，计算得出的样本间的马氏距离通常是不同的。同时在计算马氏距离的时候要考虑协方差矩阵是否可逆，而且协方差矩阵会使马氏距离计算不稳定。

基于概率统计的异常检测算法对于模型的选择十分关键，选择了错误的模型，检测对象就很可能被错误地判为异常点。

6.2.2 基于聚类的算法

聚类分析（clustering analysis）是指将紧密相关的数据归分到同一簇的过程。基于聚类的异常检测方法将数据归分到不同的簇中，异常数据则是那些不属于任何一簇或者远离簇中心的数据。根据聚类算法的不同，可将基于聚类的异常检测分为划分聚类、层次聚类、基于距离聚类、基于密度聚类以及基于网格聚类的异常检测。

以经典的基于距离聚类的 K-means 算法为例，算法思想大致为，先从样本集中随机选取 k 个样本作为簇中心，并计算所有样本与这 k 个簇中心的距离，对于每个样本，将其划分到与其距离最近的簇中心所在的簇中，对于新的簇计算各个簇的新的簇中心。重复上述计算，直到簇中心点不再变化。

具体计算流程如下：

输入是样本集 $D=\{x_1,x_2,\cdots,x_m\}$，聚类的簇树 k，最大迭代次数 N，输出是簇划分 $C=\{C_1,C_2,\cdots,C_k\}$。

（1）从数据集 D 中随机选择 k 个样本作为初始的 k 个质心向量：$\mu=\{\mu_1,\mu_2,\cdots,\mu_k\}$。

（2）对于 $n=1,2,\cdots,N$，计算如下：

1）将簇划分 C 初始化为 $C_i=\varnothing$，$t=1,2,\cdots,k$。

2）对于 $i=1,2,\cdots,m$，计算样本 x_i 和各个质心向量 μ_j（$j=1,2,\cdots,k$）的距离 $d_{ij}=\|x_i-\mu_j\|^2$，将 x_i 标记最小的为 d_{ij} 所对应的类别 λ_i。此时更新 $C_{\lambda i}=C_{\lambda i}\bigcup\{x_i\}$。

3）对于 $j=1,2,\cdots,k$，对 C_j 中所有的样本点重新计算新的质心 $\mu_j=\dfrac{1}{|C_j|}\sum\limits_{x\in C_j}x$。

4）如果所有的 k 个质心向量都没有发生变化，则转到步骤（3）。

（3）输出簇划分 $C=\{C_1,C_2,\cdots,C_k\}$。

簇个数 k 的选择对 K-means 算法非常重要，而轮廓系数法（silhouette_score）可用来选择最优 k 值，该方法可评估聚类效果，轮廓系数计算公式为

$$S=\frac{1}{N}\sum_{i=1}^{N}\frac{b_i-a_i}{\max\{a_i,b_i\}} \tag{6-2}$$

式中：S 为轮廓系数；a_i 表示样本点 i 与同一簇中所有其他点的平均距离，即簇内相似度；b_i 表示样本点 i 与下一个最近簇中所有点的平均距离，即簇间相似度；N 为样本点的个数。

K-means 追求的是对于每个簇而言，其簇内差异小，而簇外差异大，轮廓系数 S 正是描述簇内外差异的关键指标。由式（6-2）可知，S 取值范围为（-1，1），当 S 越接近于 1，聚类效果越好；S 越接近 -1，聚类效果越差。

K-means 算法简单、容易实现，算法速度很快，而且当簇是密集的、球状或团状的，且簇与簇之间区别明显时，聚类效果较好。但该算法分类的数目选择很关键，不合适的 k 可能返回较差的结果。同时，其对初值的簇心值敏感，对于不同的初始值，可能会导致不同的聚类结果。

6.2.3 基于最近邻的算法

基于最近邻的异常检测算法通常根据近邻度分为全局近邻和局部近邻，在全局近邻异常检测算法中常见的是基于距离的异常检测算法，局部近邻异常检测算法中常见的是基于密度的异常检测算法。

1. 基于距离的异常检测算法

基于距离的异常检测算法主要应用于全局近邻，常用的算法是 K- 最近邻（K-nearest neighbor，KNN）算法，KNN 算法的主要思想是异常点距离正常点的距离比较远。KNN 算法其原理是，对于每个数据点，通过找到 k 个最近的邻居，然后根据 k 个最近的邻居计算异常分数。计算异常分数的方法主要有两种：一是使用第 k 个

最近的距离（简称 K- 近邻距离）；二是计算所有的 k 个距离，然后求出平均距离（简称平均距离）。通常在实际中方法二的应用程度比较高。

KNN 算法基本步骤如下：

（1）计算已知类别数据集中的点与当前点之间的距离（常见的距离度量有欧式距离、马氏距离等）。

（2）按照距离递增次序排序。

（3）选取与当前点距离最小的 k 个点。

（4）计算 k 个点的平均距离。

（5）对所有数据点重复上述步骤（1）~（4），根据最终计算结果判定异常点。

KNN 算法理论简单，易于理解，无须参数估计，但是计算量大，空间开销大，因为对每一个样本点都要计算它到全体已知样本的距离，才能求得它的 k 个最近邻点。而且 k 的选择对最终判定结果也有影响，不合适的 k 值会导致较差的结果。

2. 基于密度的异常检测算法

基于密度的异常检测算法是为了解决数据集存在分布不均匀造成分割的阈值难以确定这一问题提出的，基于密度的异常检测算法是根据样本点的局部密度信息去判断是否异常，常见的基于密度的异常检测算法是 LOF（local outlier factor）。

LOF 算法主要思想：针对给定的数据集，对其中的任意一个数据点，如果在其局部邻域内的点都很密集，那么认为此数据点为正常数据点，而离群点则是距离正常数据点最近邻的点都比较远的数据点。通常有阈值进行界定距离的远近。在 LOF 算法中，通过给每个数据点都分配一个依赖于邻域密度的离群因子 LOF，进而判断该数据点是否为离群点。

LOF 计算较为复杂，相关定义和计算公式如下。

（1）$d_{(p,o)}$：两点 p 和 o 之间的距离。

（2）点 p 的第 k 距离 $d_{k(p)}$ 定义为 $d_{k(p)}=d_{(p,o)}$，并且满足：

1）在集合中至少有不包括 p 在内的 k 个点 $o' \in C\{x \neq p\}$，满足 $d_{(p,o')} \leq d_{(p,o)}$。

2）在集合中最多有不包括 p 在内的 $k-1$ 个点 $o' \in C\{x \neq p\}$，满足 $d_{(p,o')} < d_{(p,o)}$。

（3）点 p 的第 k 距离邻域 $N_{k(p)}$，就是 p 的第 k 距离及以内的所有点，包括第 k 距离，因此 p 的第 k 邻域点的个数 $|N_{k(p)}| \geq k$。

（4）点 o 到点 p 的第 k 可达距离的定义为

$$\text{reach-distance}_{k(p,o)} = \max\{k\text{-distance}_{(o)}, d_{(p,o)}\} \tag{6-3}$$

式（6-3）表达的意思是点 o 到点 p 的第 k 可达距离，至少是点 o 的第 k 距离，或者为点 o、点 p 间的真实距离。

（5）点 p 的局部可达密度表示为

$$\mathrm{lr}d_{k(p)}=1/\left(\frac{\sum_{o\in N_{k(p)}}\mathrm{reach\text{-}distance}_{k(p,o)}}{\left|N_{k(p)}\right|}\right) \tag{6-4}$$

（6）点 p 的局部离群因子表示为

$$\mathrm{LOF}_{k(p)}=\frac{\sum_{o\in N_{k(p)}}\dfrac{\mathrm{lr}d_{k(o)}}{\mathrm{lr}d_{k(p)}}}{\left|N_{k(p)}\right|}=\left(\frac{\sum_{o\in N_{k(p)}}\mathrm{lr}d_{k(o)}}{\left|N_{k(p)}\right|}\right)/\mathrm{lr}d_{k(p)} \tag{6-5}$$

式（6-5）表示点 p 的邻域点 $N_{k(p)}$ 的局部可达密度与点 p 的局部可达密度之比的平均数。

如果这个比值越接近 1，说明 p 的邻域点密度差不多，p 可能和邻域同属一簇；如果这个比值越小于 1，说明 p 的密度高于其邻域点密度，p 为密集点；如果这个比值越大于 1，说明 p 的密度小于其邻域点密度，p 越可能是异常点。

LOF 算法适合于对不同密度的数据的异常检测，但其计算复杂度较高，而且要求检测的数据必须有明显的密度差异。

6.3　故障异常表位识别新方法研究

通常，可通过定期维护检修方式检查检定单元表位故障情况，比如接线端子弯曲、表座击穿等故障情况；也可利用检定数据进行故障表位判别分析，基本方法是如果该表位检定结果持续不合格或检定结果与其他表位明显有差异，则可判定为故障表位。但是，如果表位存在潜在异常情况，无法从检定结果直观得出，需要进一步开展研究，探索更加科学、合理的识别算法和技术。

对上述三种常用识别算法的特点进行比较分析。利用基本误差数据进行故障表位研究分析，通过分析研究异常检测方法，基于聚类的异常检测算法通常速度快，但算法效果很大程度依赖聚类效果，而且聚类个数的选取对异常值的判定影响很大，不选取该类方法进行研究；基于最近邻算法无须假设数据分布，但是其作为有监督的学习方法，要求数据有异常标签值，而表位检定数据只有检定项目结果，无标签值，该方法同样不适用；基于概率统计异常检测算法检测效果鲁棒性高，由于其对分布模型依赖度高，可针对检定数据进行分布模型研究。

本书以统计学为切入点，将新到货待测试的智能电能表看作独立同分布变量，随机均匀分配到台体各表位进行检测，则每个表位检测的智能电能表也是独立同分布，因此其基本误差数据也可看作独立同分布，统计每个表位出现的基本误差值，设其为变量 X（$X_1, X_2, \cdots, X_n$）。由 JJG 596—2012《电子式交流电能表》可知，误差值具有上下限，存在有限的数学期望和方差。由中心极限定理可知，当表位检测样本 n 足够大时，随机变量 X 近似服从于正态分布（$n\mu, n\sigma$）。同时，当样本 n 足够大时，台体每个表位分配的智能电能表总体分布也是相同的，因此，台体所有表位基本误差值分布均近似服从于正态分布（$n\mu, n\sigma$）。

根据上述理论，当台体检定电能表足够多时，各表位出现基本误差不同值的分布应该大体相同。因此，本书提出基于统计学的故障异常表位检测识别技术，主要思路如下：如果表位中某个基本误差值的出现频率越高，而在台体其他表位中出现的频率越低，认为该表位检测与其他表位相比具有差异性。同时，每个表位检定电能表会出现多个基本误差值，如果只是某个基本误差值具有表位差异性，无法排除偶然性。因此以上述思路计算表位的所有基本误差值，作为该表位的检测特征向量，再与其他表位的检测特征做相似度分析，最终判别故障表位。

基于上述故障表位检测思路，本方法提出计算表位的频率 - 对数逆次序值，具体如下。

计算台体每个表位检测结果中不同基本误差值的频率 DF（data frequency），即

$$DF = \frac{n_{ti}}{n_t} \tag{6-6}$$

式中：n_{ti} 为表位基本误差值 t_i 出现的次数；n_t 为表位基本误差值的总个数。

定义对数逆次序 LIPF（log inverse position frequency）特征表位检测结果差异性，即

$$LIPF = \log_{10} \frac{n_p}{n_{pi}} \tag{6-7}$$

式中：n_p 为台体表位个数；n_{pi} 为基本误差值 t_i 在多少个表位出现。

由于 n_p 值固定，LIPF 值越大表明基本误差值 t_i 在只在个别表位出现的频率高，该表位检测结果与其他表位相比具有差异性。采用对数计算将 LIPF 值缩放至 0~1，使之与 DF 值大小量纲保持一致。

计算表位频率 - 对数逆次序（$D_{DF\text{-}LIPF}$）值为

$$D_{DF\text{-}LIPF} = DF \times LIPF \tag{6-8}$$

经分析可知表位频率 - 对数逆次序（$D_{DF\text{-}LIPF}$）值越大，表明基本误差值在该表位出现频率越高，在其他表位出现越少。在智能电能表随机均匀分配到各表位情况下，表明该表位检测结果与其他表位不一致。

以表位每个 $D_{\text{DF-LIPF}}$ 值构建其频率 - 对数逆次序特征向量 $\boldsymbol{D}_p$，由于不同表位 $D_{\text{DF-LIPF}}$ 值的个数不一定相同，导致特征向量 $\boldsymbol{D}_p$ 维度不同，不利于对不同表位进行计算分析。

针对维度不一致问题，借鉴文本向量化表示技术中的词袋模型（bags of words）思路，统计所有表位出现的检测值作为一个数值库，其不同值的个数作为特征向量维度 V，这样所有频率 - 对数逆次序特征向量 $\boldsymbol{D}_p$ 的维度均为 V，而且 $\boldsymbol{D}_p$ 为稀疏向量，只在出现 $D_{\text{DF-LIPF}}$ 值的位置不为 0。

以其他各表位频率 - 对数逆次序特征向量的平均向量代表其他表位整体特征向量 $\boldsymbol{D}_{p\text{-other}}$，计算表位特征向量 $\boldsymbol{D}_{pi}$ 与其他表位整体向量的余弦相似度如下

$$\text{sim} = \cos \frac{\boldsymbol{D}_{pi} \cdot \boldsymbol{D}_{p-\text{other}}}{\left|\boldsymbol{D}_{pi}\right| \times \left|\boldsymbol{D}_{p-\text{other}}\right|} \tag{6-9}$$

比较各表位的余弦相似度 sim 值，若某表位余弦相似度值明显小于其他表位，则判定该表位为故障表位。

本书所提出的基于统计学的故障异常表位检测识别技术总体框架如图 6-1 所示。

```
              ┌──────────────┐
              │   检测数据    │
              └──────────────┘
          ┌────────┴────────┐
   ┌──────────┐      ┌──────────┐
   │  DF特征  │      │ LIPF特征 │
   └──────────┘      └──────────┘
          └────────┬────────┘
          ┌──────────────────┐
          │  计算 D_DF-LIPF   │
          └──────────────────┘
                   │
          ┌──────────────────┐
          │  构建表位特征向量  │
          └──────────────────┘
                   │
          ┌──────────────────┐
          │   表位向量相似度   │
          └──────────────────┘
                   │
          ┌──────────────────┐
          │   故障表位判别     │
          └──────────────────┘
```

图 6-1　故障表位识别方法

该方法应用以来，已累计发现故障表位 10 个，修复表位后及时统计故障表位检定的电能表信息，开展电能表复检工作，有力保障了计量检定的准确性。

第 7 章

自动化检定流水线典型
故障分析与处理

本章对自动化检定流水线的典型故障案例进行总结分析，并给出了针对性的处理措施与方法。主要包括 PLC、上下料机器人、RGV 机器人、耐压检测单元、多功能检定单元、驱动器、自动输送单元、自动贴标单元及自动刻码单元的典型故障分析与处理，并对典型故障案例进行了经验总结。

7.1 PLC 故障分析与处理

7.1.1 PLC 硬件故障分析与处理

>> **实例 001** PLC 电源指示灯不亮

（1）故障现象：接通电源后，PLC 电源指示灯不亮。

（2）检测分析：

1）检查接线。电源线是不是已经连接到供电电源端子，PLC 一般有多组电源端子，分为三种类别，即模块供电电源、输入传感器电源、输出驱动电源。

2）检查电源。外部供电电源的电压是否与 PLC 一致，若 PLC 为 24V 供电，而电源为 220V，则 PLC 已损坏；若 PLC 为 220V 供电，而电源为 24V，则 PLC 不会受损，但无法正常使用。

3）若所有可能因素均检查无误，则可判定为 PLC 硬件问题。

（3）故障处理：

1）调节接线连接，确保 PLC 电源端子接线正确。

2）检修供电电源，确保外部供电电源的电压与 PLC 一致。

3）检修或更换 PLC。

>> **实例 002** PLC 无输出信号

（1）故障现象：PLC 运行后，没有输出信号。

（2）检测分析：

1）先检查一下 PLC 上的 RUN 灯是否绿灯常亮，如果 RUN 灯没有点亮，那说明 PLC 没有进入到运行状态，程序不会执行。

2）如果 RUN 灯点亮，可通过编程软件在线监控，再次检查程序运行状态。

3）如以上没有问题，可使用万用表检测接线是否有问题。

4）检测 PLC 输出或硬件是否损坏。

（3）故障处理：

1）调节 PLC，确保 PLC 的 RUN 灯常亮，同时程序运行正常。

2）调整 PLC 接线，确保 PLC 各接线正确。

3）检修或更换 PLC。

>> **实例 003** PLC X0 输入指示灯不亮

（1）故障现象：PLC X0 对应传感器接通，输入指示灯不亮。

（2）检测分析：

1）观察其他输入触点是否正常常亮。

2）根据电气原理图，查看 PLC 输入类型为 NPN 型。

3）利用万用表测量 PLC X0 输入端子与开关电源 $V+$ 之间有 24V 电压。

4）利用万用表测量 PLC X0 输入端子对应 COM 端子与开关电源 $V-$ 之间有 24V 电压。

（3）故障处理：根据电气原理图，X7 输入端子未使用，将 X0 触点修改为 X7 触点，故障解决。

（4）经验总结：PLC 其他输入触点正常，存在某个输入触点不动作，COM 与输入端子之间电压正常，则可判断此输入端子出现损坏。

>> **实例 004** PLC 突然停止运行

（1）故障现象：PLC 使用过程中突然停止运行。

（2）检测分析：

1）检查报警指示灯发现 CPU 上 BAT 指示灯亮起。

2）检查 PLC 程序无问题。

3）利用万用表测量 PLC 供电电源输入电压为 24V，正负极性连接正确。

（3）故障处理：经检测上述无问题，确定为 CPU 电池出现问题，更换 CPU 电池后故障解决。

（4）经验总结：PLC 的 CPU 电池电量不足后 BAT 指示灯会亮起，PLC 会停止运行。

7.1.2 PLC 软件故障分析与处理

>> **实例 001** 西门子 S7-300 PLC 运行中停机

（1）故障现象：西门子 S7-300 PLC 运行中突然停机或死机。

（2）检测分析：

1）检查 CPU 是否出现停机故障。

2）检查程序是否出现逻辑错误，即程序可执行但功能不能实现。

3）检查是否为偶尔出现的故障，即只在特定的系统状态下才出现的故障，可能导致停机或逻辑错误。PLC 系统诊断图如图 7-1 所示。

图 7-1　PLC 系统诊断图

（3）故障处理：

1）使用"Module Information"工具测试分析。

2）使用"Referece Data"和"Program Status"工具测试分析。

3）使用"CPU Messages"工具或生成自定义触发点"your own trigger point"测试分析。

》 实例 002　仿真 HMI 与真实 1200PLC 不能通信

（1）故障现象：仿真的 PLC 与仿真的 HMI 可以正常通信，但真实的 PLC 与仿真的 HMI 连不上。

（2）检测分析：

1）确认通信是否存在问题，计算机 IP 地址要与 PLC 在同一网段，先用计算机 ping 一下看 PLC 能否正常通信，如果不通，检查 IP 地址和硬件问题。

2）检查 PG/PC 口设置是否存在问题，在博图连接有组态仿真连接 PLC，一般默认为 S7ONLINE。

3）检查实际 PLC 通信设置与 PLC 仿真设置是否正确。

（3）故障处理：

1）检修网络，确保通信正常。

2）在控制面板里面把 S7ONLINE 连接设置成实际和 PLC 连接的通信方式。

3）在和实际 PLC 通信的时候，关闭 PLC 的仿真，然后重新启动触摸屏的 PLC 连接。

实例 003　PLC 停机后无法启动

（1）故障现象：PLC 停机一段时间后上电无法启动。

（2）检测分析：

1）将 EPROM 卡插入 PLC 中，总清后复制程序，完成后重启，故障依旧。

2）由于程序不大，逐条将 EPROM 卡内程序读出，与手册上的指令核对后发现完全一致，重复复制无效。

3）用 PG 将程序调出，与 EPROM 卡内程序进行比对，结果语句指令表相同，但程序存放地址发生了变化。

（3）故障处理：将备份程序发送到 PLC 后设备运行正常。

（4）经验总结：EPROM 卡内程序可能会出现错误需要擦除后重新写入。

实例 004　PLC 上电后无法启动

（1）故障现象：PLC 上电后无法启动。

（2）检测分析：

1）检查 PLC 指示灯发现电源指示灯正常绿色，报警指示灯没有亮起，输入指示灯正常，输出指示灯全部不亮。

2）检查 PLC 运行控制拨码开关为 RUN 状态。

3）检查 PLC 程序未发现问题，检查软件 PLC 状态为 STOP 状态。

（3）故障处理：经上述检查分析后，软件中将 PLC 状态改为 RUN 状态后故障解除。

（4）经验总结：PLC 运行状态在主机及软件中都可设置为 STOP 状态，在 STOP 状态下 PLC 程序是不执行的。

7.1.3　PLC 其他故障分析与处理

>> **实例 001**　西门子 1200 用 Modbus 与多台 V20 变频器通信延迟高

（1）故障现象：西门子 1200 与 5 台变频器 Modbus 通信控制，轮询完成需要 2s。

（2）检测分析：

1）S7-1200 Modbus RTU 通信网络中包含多个从站点时，由于轮询的网络特性，只能同时读或写一个站点数据。因此如下因素会影响到最终整体的轮询时间：①通信速率（波特率）设置时间；②每个站点的通信数据量；③站点数量；④通信距离；⑤各站点连接时间。

2）无论是由于信号干扰、硬件质量引起的从站掉站或是由于工程需要暂时关闭站点，此时都会由于"各站点连接时间"的增加而使通信系统的轮询时间大大延长。在 S7-1200 的 Modbus RTU 通信中，主要有如下三个参数与"各站点连接时间"的设置相关：①从站响应时间 RESP_TO；②重试次数 RETRIES；③主站定时参数 Blocked_Proc_Timeout。

（3）故障处理：尝试设置以上参数，注意 Modbus 从站的执行频率须小于 RESP_TO 设置的响应时间（需要考虑响应延迟时间），保证正常通信。

>> **实例 002**　PLC 无法交互数据

（1）故障现象：PLC 远程 I/O 模块报错，无法交互相应数据。

（2）检测分析：

1）根据电气图纸检查 PLC 远程模块及最后一个远程模块通信线及终端电阻连接正常，利用万用表测量终端电阻阻值为 110Ω 正常，存在 60 个主站模块。

2）检查远程 I/O 模块站号拨码正常，波特率为 10Mbit/s。

3）检查 PLC 程序内部配置正常。

（3）故障处理：经过上述检查分析后，将通信波特率调整为 2.5Mbit/s 后故障解除。

（4）经验总结：当主站模块过多、通信线长度较长时，无法达到最高通信速率。

>> **实例 003**　PLC 输出气缸不动作

（1）故障现象：PLC 有输出气缸不动作。

（2）检测分析：

1）检查气压表正常。

2）根据电气原理图，检查电磁阀指示灯为熄灭状态，检查电磁阀驱动继电器未动作。

3）利用万用表测量继电器线圈两端子间电压为 24V 正常，但线圈未动作。

（3）故障处理：经过上述检查分析后，更换继电器后故障解决。

（4）经验总结：电磁阀线圈损坏之后线圈之间有电压但是电磁阀不动作。

7.2　上下料机器人故障分析与处理

7.2.1　上下料机器人硬件故障分析与处理

» 实例　机器人指示灯正常却停止运行

（1）故障现象：在工作过程中，机器人指示灯为黄色时，机器人却停止运行，如图 7-2 所示。

图 7-2　机器人指示灯正常却停止运行

（2）检测分析：

1）机器人指示灯为黄色时，观察机器人停留在哪一个位置。

2）检查并未发现不同任务表计混合出现或者不合格、合格混装导致机器人不动作。

3）检查机器人吸盘海绵发现有破损，吸取表计气压不够。

（3）故障处理：更换机器人吸盘，并再按线体上的开始按键，机器人恢复正常。

（4）经验总结：机器人吸盘海绵为易耗品，需要定期检查进行更换，避免出现问题影响检定效率。

7.2.2　上下料机器人其他故障分析与处理

>> **实例001**　上料机器人吸取被测表计发生撞击

（1）故障现象：上料机器人在吸取被测表计时与表计发生撞击，机器人报警。

（2）检测分析：

1）检查机器人吸盘并未发现动作异常。

2）检查周转箱在辊筒线上的位置，发现周转箱位置出现偏移，导致机器人与表计相撞。

3）检查上料区域定位装置发现两侧固定装置连接处有松动。

（3）故障处理：

1）紧固上料区域两侧固定装置。

2）将机器人控制手柄（图7-3）及控制柜都打到手动模式。

图7-3　机器人控制手柄

3）按住控制手柄的下方按键，不松开，点击复位键去除报警信号。

4）按住控制手柄的下方按键，不松开，按住Shift键后按机器人轴方向键调整机器臂位置，至可调节位置，将异常点去除。

5）将机器人控制手柄及控制柜打到自动控制位置，旋转PLC控制开关，开启PLC控制装置。

6）点击速度调整键，调节机器人自动控制运行状态的速度。

7）打开主控系统点击PLC操作，按顺序点击机器人复位、机器人暂停、机器人重启，恢复机器人自动控制。

（4）经验总结：自动化检定流水线设备种类多而且构成复杂，设备连接点多，需要定期开展设备连接处接触或接线检查。

>> **实例002** 下料机器人放表时发生撞击

（1）故障现象：下料机器人在放表时与周转箱发生撞击，机器人报警，如图7-4所示。

图7-4 机器人放表时与周转箱撞击

（2）检测分析：

1）检查表计在机器人吸盘表计位置是否正常。

2）观察机器人是否和箱体卡表，卡表则代表箱子内衬变形导致机器人撞表报警，没有卡表则代表机器人在下表时与箱子摩擦系数过大导致机器人误认为撞表报警。

（3）故障处理：

1）若表计在机器人吸盘位置不正常，调整机器人吸盘吸取表计位置，确保和周转箱中内衬位置完全吻合。

2）当机器人卡表时，手动将表放在箱子里，然后调节机器人控制手柄，具体操作步骤与实例001中叙述相同，不再赘述。

实例003 上料机器人无法吸取表计

（1）故障现象：上料机器人无法正常吸取表计。

（2）检测分析：

1）观察机器人吸盘停留的位置，若机器人吸盘停留在表计上方，一般为周转箱内衬变形下陷导致表计位置下移，机器人达到指定位置无法接触表计。

2）若机器人吸盘已吸住表计，一般为吸取表计位置不正导致吸力不够，无法吸取表计，这种情况一般为周转箱内衬位置不正，导致表计位置偏移使得机器人无法正常工作。

（3）故障处理：

1）机器人吸盘停留在表计上方，手动将表计放置于机器人吸盘上，重新启动机器人。

2）调节程序将机器人与表计分开，调整内衬位置至完全合适，重新启动机器人。

实例004 机器人抓表过程中掉表

（1）故障现象：机器人停止工作且夹爪中无表。

（2）检测分析：

1）检查机器人是否有报警异常。

2）检查机器人下方备料区是否有表。

3）检查机器人下方是否有掉落的电能表。

（3）故障处理：

1）当机器人示教盘上显示异常状态时，直接按下示教盘上的重启按键，再按线体上的开始按键。

2）当机器人示教盘上显示无异常状态时，观察地面有无电能表，将电能表重新放入机器人夹爪中将机器人复位即可恢复正常工作。

7.3 RGV 机器人故障分析与处理

7.3.1 RGV 机器人硬件故障分析与处理

>> **实例 001** **工作过程中 RGV 机器人无任何动作**

（1）故障现象：在工作过程中，机器人显示灯变为红色、黄色或者绿色时机器人没有任何动作。

（2）检测分析：

1）RGV 机器人在显示为红灯时，观察机械手停留在哪一个位置，然后查看软件上显示什么类型的报警。

2）机械手停留在初始位置时，软件显示为伺服电动机过载，直接利用软件报警复位，报警复位无效时，可以确定为机器人伺服电动机出现故障或者与电动机的连接线路损坏。

3）机械手停留在其他位置时，软件显示为机械手报警，直接利用软件报警复位，报警复位无效时可以确定为机器人相机出现故障或者与相机的连接线路损坏。

4）RGV 机器人在显示灯为黄色或者绿色，机器人却没有任何动作，且软件也没有显示报警时，可以确定为信号不好导致交互不良。

（3）故障处理：

1）更换伺服电动机或者修复与电动机的连接线路。

2）更换相机或者修复与相机的连接线路。

3）利用中间件对 RGV 机器人重新触发，重新发送一个交互信号。

>> **实例 002** **工作过程中 RGV 机器人报警**

（1）故障现象：在机器人完成一次取放物料的动作后，在后续运动过程中发生报警，但是未发生碰撞或者人为干扰。

（2）检测分析：

1）主站报警提示为"机器人未放下物料"，但是夹爪上未有抓取的物料，物料已放置在预定工位。特征是，机器人发生故障前一段动作为完成一套取放物料动作，之后未有人为干扰等其他因素。

2）此报警来源为机器人夹爪两侧对射传感器。发生故障后需要暂停流水线运行，进入地轨用遮挡物测试传感器是否还能正常工作，如果无论遮挡与否，传感器颜色均不变，则可以判断为传感器损坏。

（3）故障处理：损坏的传感器只需要拆除通信线，更换即可，如果无法及时更换，则可以去流水线电柜使用 PLC 触摸屏，点击右下角"ABB/PC 监控"→"ABB监控"→"感应光电屏蔽"来临时支持运行，如图 7-5～图 7-7 所示。

图 7-5　ABB/PC 监控

图 7-6　ABB 监控

图 7-7 感应光电屏蔽

（4）经验总结：正常运行过程中突然出现机器人报警，而且是在抬升或者下降过程中报警，距离点位还有一定距离，此时可以根据报警提示先排查传感器等硬件问题。

》 实例 003 RGV 机器人通信异常

（1）故障现象：主站机器人报警内容为"机器人通信异常"。

（2）检测分析：

1）如果正常运行过程中，突发机器人通信异常报警，此时原因大概是地轨中间机器人通信线上的连接器松动。

2）如果刚刚对机器人进行点位校准，然后继续运行，立刻提示报警，则分析是 ABB 操作未清零。

（3）故障处理：

1）根据机器人位置，移动 RGV 位置，拆开地轨中间线路罩盖进行加固。

2）需要去电柜使用 PLC 触摸屏完成清零操作，此时需保证流水线为暂停工作状态，且已点击故障复位，如果仍然报警，则在暂停状态下对流水线进行断电后再上电。

（4）经验总结：这种类型故障的发生以第二种情况为主，每次调试点位完成后，即便已经完成清零操作，仍有可能报警，分析为机器人在调试前已经接收到运行指令，调试完成后再次发送命令导致冲突。

（1）故障现象：机器人夹取被测物后，在转运过程中发生倾斜、下滑等现象。

（2）检测分析：

1）可能为流水线气源不稳定导致夹爪力度过小。

2）可能为夹爪上防滑垫失灵。

（3）故障处理：

1）检查气源重新恢复至工作时气压。

2）更换防滑垫。

（4）经验总结：夹取被测物后，被测品发生倾斜等现象，一般都是流水线瞬间气压不稳定或者长时间运行后防滑垫磨损严重所致，定期检查更换即可。

7.3.2 RGV 机器人软件故障分析与处理

实例 001 工作过程中 RGV 机器人显示灯变为红色

（1）故障现象：在工作过程中，RGV 机器人显示灯变为红色，如图 7-8 所示。

图 7-8 RGV 机器人亮红灯报警

（2）检测分析：

1）RGV 机器人在显示为红灯时，观察机械手停留在哪一个位置，然后查看软件上显示为什么类型的报警。

2）机械手停留在初始位置时，软件显示为暂停报警，可能是机器人运行时未扫描到导轨上的位置数据导致报警。

3）机械手停留在其他位置时，软件显示为相机报警，可能是相机未拍到识别物或者识别物被灰尘阻挡。

（3）故障处理：

1）直接利用软件报警复位，复位无效的话利用软件将任务重置。

2）清扫识别物后直接利用软件报警复位，让相机重新拍照。

（4）经验总结：涉及机器人工作任务错误、判断表类型错误一般为调度软件方面异常，检查未发现调度系统 bug，则判断为 PLC 模组程序异常。

实例 002 被测物被 RGV 机器人夹取后倾斜、下滑

（1）故障现象：机器人夹取被测物后，在转运过程中发生倾斜、下滑等现象。

（2）检测分析：软件层面一般为 PLC 或者调度指令错误。

（3）故障处理：PLC 开发人员或者调度开发人员排查相关指令，解决故障。

实例 003 转数计数器未更新

（1）故障现象：机器人出现"转数计数器未更新"报警，如图 7-9 所示。

图 7-9 "转数计数器未更新"报警

（2）检测分析：关闭控制柜时，转数计数器中的数据由 SMB 上的电池提供电源存储。电池不稳定或者其他原因会导致电动机旋转的圈数丢失。机器人电动机单圈编码器反馈的存储不需要电池，即机器人点击单圈参考位置正确。故在人工移动机器人

各轴刻度位后的"转数计数器更新"不会影响机器人精度。

（3）故障处理：以单轴运动模式手动移动机器人的各关节至刻度线。此时一定要以机器人本体的刻度线为准，示教器显示数据可能已经混乱（在现场如果不能使所有轴同时移动到刻度位，则可根据实际情况先移动某一单轴）。

单击"示教器"→"校准"→"转数计数器"→"更新转数计数器"，如图 7-10 所示。

图 7-10　单击"更新转数计数器"

根据实际情况勾选需要更新的机器人轴，单击"更新"，如图 7-11 所示。更新时，示教器不需上电。对单轴更新前，确认该轴已经在刻度位附近。

图 7-11　单击"更新"

（4）经验总结：不要随便使用机器人控制柜上的断电急停按钮。一般流水线每隔一定距离设有急停按钮，因此在 PLC 控制机器人测试点位校准情况时，如果机器人即将发生碰撞，按下最近的流水线急停按钮即可；手动模式下测试点位校准情况，若机器人即将发生碰撞，示教器断电即可。

实例 004 SMB 内存差异

（1）故障现象：机器人出现"SMB 内存数据差异"报警，如图 7-12 所示。

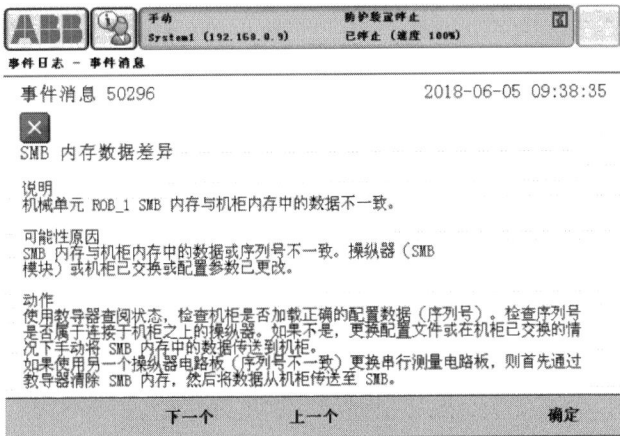

图 7-12 "SMB 内存数据差异"报警

（2）检测分析：机器人的位置信息会在 SMB 和控制柜内各自存储。机器人开机时，系统会自动比较两者的数据是否一致。在机器人系统未开启时释放抱闸移动机器人和更换 SMB 板卡等都会造成两边存储的数据不一致。

（3）故障处理：

1）单击"示教器"→"校准"→"SMB 内存"，如图 7-13 所示。

图 7-13 单击"SMB 内存"

2）单击图 7-13 中的"高级"。

3）对于更换 SMB，选择"清除 SMB 内存"；对于更换控制器内存卡或者人为修改控制器内数据，选择"清除控制柜内存"，如图 7-14 所示。

图 7-14 选择需要清除的对象

4）单击图 7-14 中的"关闭"后，单击图 7-15 中的"更新"。

图 7-15 单击"更新"

5）若选择"清除 SMB 内存"，则此处选择"替换 SMB 电路板"（即使用机柜数据更新 SMB 内存）；若选择"清除控制柜内存"，此处选择"已交换控制柜或机械手"（即使用 SMB 内存数据更新数据柜），如图 7-16 所示。

图 7-16 根据实际情况选择传输方向

（4）经验总结：在调试机器人点位前，需要先确认流水线是否处于暂停或停止状态，正常情况下主站程序会通过判断流水线是否为停止状态来下达机器人工作状态指令，严禁在机器人运行过程中进入地轨手动停止 RGV 机器人运行。

实例 005　与 SMB 的通信中断

（1）故障现象：机器人出现"与 SMB 的通信中断"报警，如图 7-17 所示。

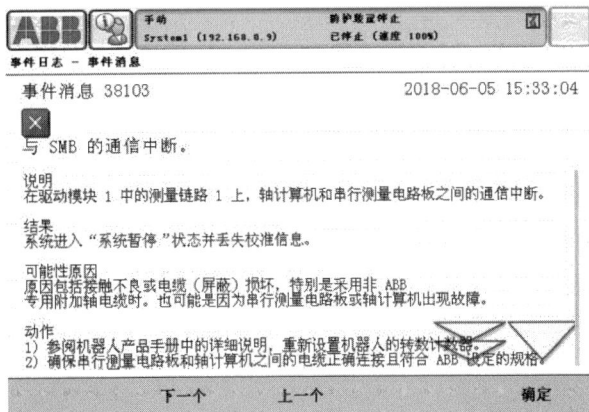

图 7-17 "与 SMB 的通信中断"报警

（2）检测分析：控制柜内轴计算机与机器人本体 SMB 之间的连线中断。

（3）故障处理：控制柜内轴计算机到机器人本体 SMB 之间的连线：①控制柜内轴计算机到控制柜底部的 XS2 接口（图 7-18）的连线；②控制柜底部的 XS2 接口到机器人本体尾端的 SMB 接口之间的连接；③机器人本体尾端的 SMB 接口到 SMB 之间的连线。

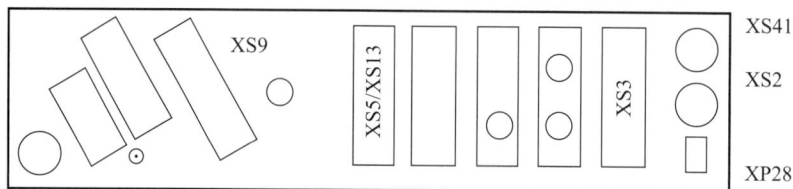

图 7-18　机器人控制柜底部接口示意图

若以上多段线缆分段检查有破损，进行更换。

（4）经验总结：通信中断多为线路问题，按接线顺序排查即可。

7.3.3　RGV 机器人其他故障分析与处理

» 实例 001 RGV 机器人撞被测物且显示红灯

（1）故障现象：在工作过程中，RGV 机器人撞被测物且显示为红灯。

（2）检测分析：

1）检测装置在将被测物检测完后未将被测物接线拆除，却发给机器人动作信号，导致机器人撞被测物或检测装置。

2）检测装置有某个检测工位突然损坏，未将被测物抬起。

3）机器人在撞被测物后将检测装置撞偏移，机器人上下位置也进行了偏移，机械手到达不了偏移之后的位置，导致机器人亮红灯。

（3）故障处理：

1）利用 RGV 操作软件移动 RGV 机械手，将被撞被测物取下，然后重置任务和机器人。

2）利用 RGV 操作软件修改 RGV 机器人的数据补偿以改变上下表位置或者将撞歪的检测装置移动回原位。

» 实例 002 电动机电流错误

（1）故障现象：机器人出现"电动机电流错误"报警，如图 7-19 所示。

（2）检测分析：图 7-19 表示驱动单元 4 轴输出至机器人本体 4 轴电动机之间的动力线缆出现异常。

（3）故障处理：驱动单元 4 轴输出至机器人本体 4 轴电动机之间的线缆：①驱动单元 4 轴输出（图 7-20 中的 X14）至控制柜底部的 X1 接口（图 7-21 的 X 处）的连

线；②控制柜底部的 X1 接口到机器人本体尾端的 MP 接口的连线；③机器人本体尾端的 MP 接口到机器人本体 4 轴电动机的连线。

检查以上各段线缆是否正常，如有破损，请更换。

图 7-19 "电动机电流错误"报警

图 7-20 控制柜内主驱动示意图

图 7-21 机器人控制柜底部接口示意图

（4）经验总结：机器人供电与 PLC 模块供电电源一致，均来自主控电柜，只要供电不出现异常，则可以判断为机器人控制柜内线缆线路问题或者电动机存储数据问题，检查线路和电动机存储数据，或者相与相和大地之间是否存在短路。

>> **实例 003** 动作监控关节碰撞

（1）故障现象：机器人出现"动作监控"或"关节碰撞"报警，如图 7-22 和图 7-23 所示。

（2）检测分析：图 7-22 和图 7-23 所示的两种报警通常是相同原因造成的。图 7-22 表示机器人 2 轴（rob1_2）可能发生碰撞，图 7-23 表示机器人的 1 轴（rob1_1）可能发生碰撞。

机器人系统本身并不知晓发生碰撞，而是通过后台检测电动机电流等参数来判断各关节碰撞与否。机器人发生碰撞可能引起电动机电流异常，电动机抱闸未打开导致电动机卡滞，也可能引起电动机电流异常。

图 7-22 "动作监控"报警

图 7-23 "关节碰撞"报警

（3）故障处理：

1）若机器人确实发生碰撞，如果机器人有 613-1 Collision Detection 选项，则可以临时关闭"动作监控"，然后再缓慢移动机器人。

2）进入示教器控制面板，单击"监控"，如图 7-24 所示。

图 7-24 单击"监控"

3）在"手动操纵监控"下选择"关"，关闭手动操纵监控，如图 7-25 所示。

4）此时可以调低示教器的摇杆速度以降低机器人的运动速度，也可单击图 7-26 中右侧的"增量模式"（按钮为"---"），让机器人以增量慢速模式移动，直至离开碰撞区域。

图 7-25　关闭手动操纵监控

图 7-26　单击"增量模式"按钮

（4）经验总结：手动调试点位完成后，需要再调整为自动模式进行测试，一般情况下两次运行结果基本相同，但是不排除有其他因素干扰了机器人动作，因此，自动模式下运行极少出现关节碰撞或动作监控异常报警，此时需要先接触警报，然后再排查原因，重新校点。

》 实例 004　RGV 机器人点位偏移

（1）故障现象：机器人未抓取到物料、机器人抓取物料时发生碰撞、机器人放置物料位置偏移或机器人拉动托盘或中转端子发生撞击等一系列机器人运行故障。

（2）检测分析：RGV 机器人点位偏移一般为以下两种情况。

1）点位偏移的第一种情况是点位在 X、Y、Z 轴方向偏移。多为放置物料、压下挡块或者拉动托盘与中转端子时发生碰撞，且碰撞程度很轻，如发生碰撞位置的表面与托盘、中转端子或底座已经接触，但此时机器人仍在接触面垂直方向运动，压力传感器会报警。或是物料放置不进点位，在 X、Y 轴方向偏移一定距离，Z 轴方向向下运动过深。

2）第二种情况是机器人取放物料的任意环节发生不规则偏移，即点位偏移不遵循空间坐标系方向，取放物料时倾斜、旋转一定角度。

（3）故障处理：点位发生偏移后有两种校准方法，根据点位偏移的程度来选择不同的校准方法。

1）第一种情况处理方法为更改 X、Y、Z 轴方向坐标位置。

2）第二种情况调试方法按如下步骤操作：查阅工位列表记录册，找到需要修改的试验的 RGV 位置。点击 PLC 触摸屏"伺服控制"，输入标志位，长按"跑位置"，等待 RGV 运行到该工位。若端子点位发生偏移，将光标移动到端子点位程序的第一行（每个点都有两行程序，第一行代表移动到此点位上方 100mm，不能直接移动到调试点位，会撞击），点击调试，PP 移至光标。机械手上带后运行一步，机械手就会运动到端子点位的上方，再运行一步，机械手就会运动到端子点位。校正点位后，光标移动到 terminal551 上，点击修改位置，确定，点位就修改完成了，操作如图7-27、图 7-28 所示。

图 7-27　调试过程 1

图 7-28　调试过程 2

注：①需要将机器人初始化时，机器人上电后将机器人摇起至开阔区域，点击 main，机器人上电后长按示教器控制杆下方"▶"按钮，等待机器人运动到初始位置。

②调试完成后，需从 PLC 触摸屏将伺服电动机运动回调试前位置，位置标志为触摸屏"伺服控制"页面自动位置所记录。

③第二种点位调试方法慎重使用，需联系专业调试人员陪同调试，切勿随意保存位置。

（4）经验总结：机器人点位发生偏移的原因有很多，可能为长期运行过程中，伺服电动机行程或机器人动作行程无法保证绝对精确，偏移量逐渐累积最终导致点位偏移；也可能是 RGV 长期运行产生的振动或者其他原因造成地轨本身发生偏移或沉陷等现象；或者在流水线运转过程中机器人发生撞击等一系列原因。需要修改点位时联系专业调试人员确认。

7.4　耐压检测单元故障分析与处理

7.4.1　耐压检测单元硬件故障分析与处理

实例 001　耐压检测单元显示灯为红色

（1）故障现象：耐压检测单元显示灯为红色，如图 7-29 所示。

（2）检测分析：

1）当耐压检测单元显示灯为红色时，观察耐压检测单元里的电能表是否进行

图 7-29 耐压检测单元亮红灯报警

压接。

2）当电能表进行压接时，查看耐压软件发现没有结论，可能是耐压检测单元本身出现故障。

3）当表位未进行压接时，查看设备里的电能表发现已经有结论，可能是线体接近开关未感应到电能表。

（3）故障处理：

1）当电能表进行压接时，耐压软件没有结论，让耐压检测单元所属厂家进行修理。

2）当表位未进行压接时，设备里的电能表已有结论，手动将其放行。

》 实例002 耐压工位压接铜柱端无输出电压

（1）故障现象：耐压测试开始后压接铜柱端无输出电压。

（2）检测分析：

1）使用万用表连接耐压工位里的变压器，查看在耐压程序测试开始后，变压器是否有电压输出，如果变压器未按程序指令升压，则可以确定变压器损坏。

2）确定变压器无故障情况下，使用万用表测量耐压工位里高压板上的 $5k\Omega$ 电阻，如果有电阻是开路情况，则可确定电阻损坏。

167

（3）故障处理：

1）更换变压器。

2）更换 5kΩ 电阻。

7.4.2 耐压检测单元软件故障分析与处理

实例 001 耐压检测单元显示灯为红色

（1）故障现象：耐压检测单元显示灯为红色。

（2）检测分析：

1）当耐压检测单元显示灯为红色时，利用中间件对其重新触发后观察其是否还报警。

2）当耐压依旧报警时，打开耐压软件检查是否数据日志错误或者耐压软件掉线。

3）如耐压软件没有发现问题，可能是这批电能表已经有结论，重复检测就会报警。

（3）故障处理：

1）当耐压软件有问题时，重启耐压软件，然后利用中间件重新触发。

2）当耐压软件没有问题时，利用中间件将这批已有结论的表进行放行。

实例 002 耐压检测单元与计算机无法通信

（1）故障现象：耐压检测单元与计算机无法进行通信传输信息。

（2）检测分析：首先排查通信线连接是否正确可靠，如果接线无问题，则需要检查并确认是否已正确安装通信软件、通信端口是否正确、仪器的地址设置是否符合计算机的通信要求、波特率设置是否一致。

（3）故障处理：需要将设备的通信端口和地址设置正确，波特率重新设置一致。

（4）经验总结：需要将耐压检测单元的通信参数和通信规约设置一致。

7.4.3 耐压检测单元其他故障分析与处理

实例 001 耐压检测单元处不放表通行

（1）故障现象：耐压检测单元处不放表通行。

（2）检测分析：耐压检测单元的指针歪曲，卡住电能表无法放行。

（3）故障处理：更换耐压检测单元的指针。

>> **实例 002** 耐压检测单元检测过程中工位警示灯报警

（1）故障现象：耐压测试开始后，工位警示灯红色报警，耐压测试程序自动停止。

（2）检测分析：

1）检查耐压工位挡板是否关闭到位，如未关闭到位使之到位。

2）检查耐压工位内被测物压接是否正常，如有被测物压接偏移导致压接铜柱与被测物未完全接触的，摆正被测物后重新压接。

（3）故障处理：关闭耐压工位挡板到位，摆正被测物，确认被测物与耐压检测单元压接情况，重新进行压接。

>> **实例 003** 耐压检测单元出现异常保护

（1）故障现象：耐压仪出现异常保护。

（2）检测分析：查看耐压装置和绝缘测试连线是否有短路现象。

（3）故障处理：如耐压装置接线检查有短路现象，将短路点重新做绝缘处理。

（4）经验总结：绝缘测试接线一定要规范，防止出现短路等情况。

>> **实例 004** 耐压检测单元打火

（1）故障现象：耐压检测单元表位出现电火花打火。

（2）检测分析：表位出现电火花打火，大多是表位的接驳表针弯曲，导致和其他端子接触到一起，造成短路。

（3）故障处理：将弯曲的接驳端子更换，或者直接更换接驳端子。

（4）经验总结：耐压检测单元的接驳应当调整好，防止出现打火，引起短路。

7.5 多功能检定单元故障分析与处理

7.5.1 多功能检定单元硬件故障分析与处理

>> **实例 001** 多功能检定单元继电器故障导致指示灯报警

（1）故障现象：多功能检定单元指示灯突然变红色，如图 7-30 所示。

图 7-30　多功能检定单元亮红灯报警

（2）检测分析：

1）检查装置在不满表状态下，空表位指示屏有无 open 状态。

2）若无 open 状态，将信号源脱机状态下 5% 电流升源，蜂鸣指示灯显示电流报警。

3）用短接线将所有表位短接，升源正常。

4）用四根短接线逐个检查表位，确定故障表位。

（3）故障处理：更换故障表位的继电器。

» 实例 002　多功能检定单元功率放大器设备故障导致指示灯报警

（1）故障现象：多功能检定单元指示灯突然变红色。

（2）检测分析：

1）关闭装置急停开关，打开挡板恢复急停，查看信号源蜂鸣灯电压电流是否正常。

2）蜂鸣灯电压电流不正常时，关闭电源后拔下功率放大器电压电流供电电源，通电测试信号源蜂鸣灯是否正常。

3）测试后若蜂鸣灯正常，逐步插上电流或电压供电线测试。

4）逐个测试，确定具体故障的功率放大器前置板、电源板、电压（电流）板。

（3）故障处理：更换故障功率放大器部件。

» 实例 003　多功能检定单元表位指示灯报警

（1）故障现象：装置表位指示灯突然亮红色。

（2）检测分析：

1）检查表位显示屏是否指示 open 状态，查看表位表针是否正常。

2）查看表位电能表压接是否正常，是否压接到底。

3）若表位未压接，手动按压制动按钮查看是否压接，若无压接则为电动机故障或拔迁板故障。

4）断电用备件测试拔迁板是否正常，若正常则为电动机故障。

（3）故障处理：

1）若表针异常，则更换表位表针。

2）若表位无法压接，则更换故障的压接电动机或拔迁板。

实例 004　多功能检定单元不能正常下料

（1）故障现象：检定线检定完成后无法正常下料。

（2）检测分析：检定线检定完成无法下料主要是以下几个原因导致。

1）检定线在调度程序中处于停止状态。

2）检定线顶升气缸或压接气缸感应磁环信号缺失。

3）检定线数据未能正常上传完毕。

（3）故障处理：

1）检查调度程序，将停止状态解除。

2）检查传感器和磁环信号。

3）重新上传检定数据。

（4）经验总结：检定数据上传应符合检定数据考核要求，数据上传成功才能正常下料。

实例 005　多功能检定单元电流端子变形

（1）故障现象：三相或者单相电流端子出现异常烧坏变形。

（2）检测分析：电流端子出现异常烧坏基本上是接触不良导致的，接触不好主要是电流线和压接端子松动，或者电流端子与电能表未能正常接驳。

（3）故障处理：

1）检查电流端子与电流线接线，如有松动重新紧固。

2）检查电流端子与表位电能表有无正常接驳，接触不好重新调整接驳。

（4）经验总结：电流端子接驳应定期检查紧固，防止出现设备安全隐患。

>> **实例 006** 多功能检定单元升压异常

（1）故障现象：单相表试验时升压异常。

（2）检测分析：升压异常主要是分两种情况，一是电压一点也升不起来，这种情况大多是功率源问题导致；二是电压超出合理的范围。

（3）故障处理：如果功率源损坏导致升源失败，建议更换功率源，电压范围超差应是 TV 导致，检查 TV 出现的问题点并解决，重新进行校准。

（4）经验总结：隔离 TV 是计量设备的重要组成部分，应定期核查校准。

7.5.2　多功能检定单元软件故障分析与处理

>> **实例 001** 监视仪表无示数或读取标准表失败

（1）故障现象：监视仪表面板无示数，如图 7-31 所示。

图 7-31　监视仪表无示数或读取标准表失败

（2）检测分析：

1）检查装置标准表是否启动上电且正常工作。

2）检查装置标准表是否切换到联机模式，可通过升源查看标准表是否响应。

3）检查设备的通信端口配置、串口服务器配置、串口映射配置等。

4）可通过串口调试工具检查串口是否被占用，或发送报文验证通信是否正常。

（3）故障处理：

1）装置标准表启动上电，确保其处于正常运行状态。

2）装置标准表设置到联机模式，并可进行升源输出。

3）检查设备的通信端口配置、串口服务器配置、串口映射配置等。

4）调试解决标准表通信设置问题。

（4）经验总结：检表软件要实时显示标准表示数，所以需要实时与标准表通信，应保证通信正常。

>> **实例 002**　误差数据异常

（1）故障现象：读取误差失败或误差数据异常。

（2）检测分析：

1）检查装置误差板、信号源、标准表是否正常工作，检查是否升源正常，确认硬件是否存在问题。

2）按电能表的按钮，看电能表上的实际电压、电流、功率，检查与标准表是否一致。

3）检查软件中录入的检表参数，电压、电流、脉冲常数等。

4）看误差板上是否有正常误差，若无，可能是软件与误差板的通信有问题。

（3）故障处理：

1）误差数据异常通常是硬件问题导致的，确定硬件问题后进行维修。

2）若录入数据异常，修改为正确的检表参数。

3）误差板数据异常，则是维修软件与误差板的通信问题。

>> **实例 003**　检定数据上传异常

（1）故障现象：数据上传失败，如图 7-32 所示。

图 7-32　数据上传失败

（2）检测分析：

1）查看与目标数据库、服务端接口的连接是否正常，可 ping 其 IP、telnet 端口进行测试，排查网络问题。

2）查看本地数据是否正常，通过检表软件的历史数据，查看检定数据是否已存在且正常。

3）软件人员排查接口调用、数据库存储格式是否存在问题。

（3）故障处理：

1）该问题通常是网络连接问题导致的，解决网络和端口问题即可解决。

2）软件运维人员处理数据异常问题。

3）软件运维人员处理接口调用、数据库存储格式问题。

（4）经验总结：数据上传时需要保证网络通畅，才能正常连接数据库或服务器。

>> **实例 004** 与加密机相关试验异常

（1）故障现象：由于连接加密机失败，试验无法进行。

（2）检测分析：

1）查看计算机与加密机连接是否正常，通过 ping 加密机 IP 和 telnet 加密机端口进行检查。

2）检查计算机是否插好国网加密机的密钥 Key，正常时应亮红灯。

3）检查计算机是否安装加密机 Key 的驱动程序，如果已安装且正常，应能打开"国家电网有限公司用电信息密钥管理系统"→"设备管理工具"，如图 7-33 所示。

图 7-33 设备管理工具

4）检查软件中的加密机配置是否正常，如图 7-34 所示。

序号	项目	值
1	加密机类型	
2	加密机地址	
3	加密机端口	
4	实例数	

图 7-34 检查加密机配置

（3）故障处理：

1）解决网络和端口问题。

2）计算机要插好国网加密机的密钥 Key，正常时应亮红灯。

3）正确安装加密机 Key 的驱动程序。

4）重新设置加密机配置，确保正确连接。

（4）经验总结：计算机 IP 要能正常连接加密机，要正常安装加密机 Key 的驱动程序。

7.5.3 多功能检定单元其他故障分析与处理

》 **实例 001** 多功能实验完成后不下表

（1）故障现象：多功能检定单元检定完成后表位压接不抬升，如图 7-35 所示。

图 7-35 多功能检定单元表位压接不抬升

（2）检测分析：

1）可能是正常现象，由于数据上传时间较长或数据量较大。

2）调度软件存在异常，未正常进行上报检定完成信号。

3）控制线体松开压接的 PLC 故障。

（3）故障处理：解决调度软件或 PLC 的问题。

（4）经验总结：应保证硬件无故障，尽量优化调度程序，避免无法下表，影响检定效率。

>> **实例002** 多功能检定单元接线检测异常

（1）故障现象：多功能检定单元接线检测异常，RS-485不通。

（2）检测分析：

1）检查托盘上表计是否放好。

2）检查接驳异常表位插针与表计是否接触良好。

3）检查表位控制器是否正常。

（3）故障处理：

1）将未摆正的表计人工摆正。

2）调整检定线插针位置。

3）排查表位控制器接线问题。

7.6 驱动电机故障分析与处理

7.6.1 交流电动机故障分析与处理

>> **实例001** 交流电动机状态异常

（1）故障现象：交流电动机一直处于自由状态。

（2）检测分析：驱动器中频信号不正常，会导致交流电动机一直处于自由状态。

（3）故障处理：调整驱动器中频信号电路。

（4）经验总结：定期检查驱动器电路是否正常工作，接线是否松动。

>> **实例002** 交流电动机失步

（1）故障现象：交流电动机进入失步运行状态。

（2）检测分析：

1）检查屏蔽线是否松动，是否正常接地。

2）若屏蔽线无异常，一般是由驱动器控制信号设置错误导致。

（3）故障处理：

1）将屏蔽线拧紧，正确接地。

2）用正确参数和步骤设置驱动器控制信号。

（4）经验总结：定期检查接线是否松动，控制信号是否正常工作。

实例 003 交流电动机旋转异常

（1）故障现象：电动机的旋转方向不对。

（2）检测分析：

1）先检查接线，查看接线否存在错误。

2）接线正常，查看电动机线路是否断路。

3）若以上无问题，则可能为现场信号受到干扰。

（3）故障处理：

1）若接线错误，则更改接线方式，确保连接正确。

2）电动机线路断路，则修复电动机线路。

3）若现场信号受到干扰则查找干扰源，并将其关闭或远离电动机。

（4）经验总结：电动机运行前要确保接线正确，现场无信号干扰源。

实例 004 交流电动机堵转

（1）故障现象：交流电动机堵转，无法正常运行。

（2）检测分析：在电动机和驱动器正常的情况下，一般为电动机的转矩过小导致。影响转矩的主要因素有转速和电流，交流电动机的特性是转速越高力矩越小，电流越小力矩越小。交流电动机只能够由数字信号控制运行，当脉冲提供给驱动器时，在过于短的时间里，控制系统发出的脉冲数太多，也就是脉冲频率过高，将导致交流电动机堵转。

（3）故障处理：采用"加减速"的办法，在交流电动机起步时，要给逐渐升高的脉冲频率，减速时的脉冲频率需要逐渐降低。

（4）经验总结：确保电动机转矩合适，才能正常运行。

7.6.2 伺服电动机故障分析与处理

实例 伺服电动机在有脉冲输出时不运转

（1）故障现象：伺服电动机在有脉冲输出时不运转。

（2）检测分析：

1）监视控制器的脉冲输出当前值以及脉冲输出灯是否闪烁，确认指令脉冲已经执行并已经正常输出脉冲。

2）检查控制器到驱动器的控制电缆、动力电缆、编码器电缆是否配线错误、破损或者接触不良。

3）检查带制动器的伺服电动机其制动器是否已经打开。

4）监视伺服驱动器的面板，确认脉冲指令是否输入。

5）Run 运行指令正常。

6）控制模式务必选择位置控制模式。

7）伺服驱动器设置的输入脉冲类型和指令脉冲的设置是否一致。

8）确保正转侧驱动禁止、反转侧驱动禁止信号以及偏差计数器复位信号没有被输入，脱开负载并且空载运行正常，检查机械系统。

（3）故障处理：

1）若伺服电动机电路连接异常，需按正确接线连接。

2）伺服驱动器按正确参数设置。

7.7　自动输送单元故障分析与处理

7.7.1　辊筒输送线故障分析与处理

》》 **实例 001** 周转箱跑偏

（1）故障现象：周转箱输送时，出现向一边跑偏的现象，如图 7-36 所示。

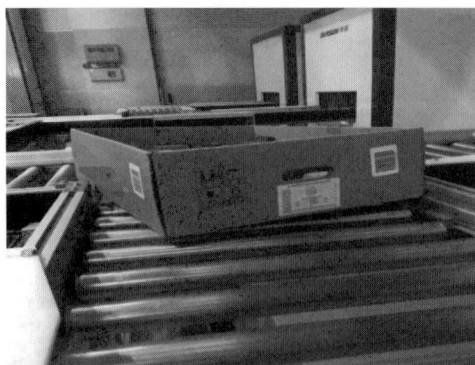

图 7-36　周转箱输送过程中跑偏

（2）检测分析：

1）传动链和辊筒齿轮间是否有杂物缠绕、污泥埋压等现象，使传动受阻，阻力增大。

2）机架是否出现变形、倾斜或者装机不正，尺寸出现偏差。

3）跑偏部位前面的托辊与输送带运行方向是否垂直。

4）承载货物是否过满过多，出现辊筒打滑现象。

5）投料装置位置是否合适。

（3）故障处理：

1）处理传动链和辊筒齿轮间杂物。

2）调整机架和装机位置的直线度和水平度。

3）调节托辊运行方向。

4）承载合适质量货物。

5）校正投料装置的位置。

》 实例 002 辊筒磨损严重

（1）故障现象：设备运行后，出现辊筒磨损异常严重。

（2）检测分析：

1）投料方向不合适，即物料投放的方向和输送机运行方向不同，产生横向力，使磨损加剧。

2）辊筒粘有异物，不转动或者没有调好。

3）辊筒转动不良。

4）应检查张力是否正常。

5）检查辊筒安装水平度，是否出现高低不平现象。

（3）故障处理：

1）调整落料方向。

2）清洗辊筒，保持现场的整洁。

3）对辊筒加强润滑。

4）适当加大链条张力。

5）如辊筒出现高低不平，则调整辊筒水平度。

>> **实例 003** 电动机不能转动或启动后立即慢下来

（1）故障现象：启动设备后，设备不转动或立即变慢。

（2）检测分析：

1）检查线路，查看是否线路出现故障。

2）检查电压，查看是否是电压下降导致的电动机故障。

3）检查测速装置、过负荷继电器、接触器等是否出现故障。

4）检查速度保护安装调节是否有问题。

（3）故障处理：

1）修复线路故障。

2）调节电压使其恢复正常。

3）修理或更换测速装置、过负荷继电器、接触器等器件。

4）调节速度安装保护。

>> **实例 004** 设备漏油

（1）故障现象：设备运转或停车时出现漏油现象。

（2）检测分析：

1）检查易熔合金塞或注油塞是否未拧紧，用扳手拧紧易熔合金塞或注油塞。

2）检查 O 形密封圈是否损坏，需要更换 O 形密封圈。

3）检查连接螺栓是否未拧紧，轴套端密封圈或垫圈是否损坏，需要拧紧连接螺栓，更换密封圈和垫圈。

（3）故障处理：

1）用扳手拧紧易熔合金塞或注油塞。

2）更换 O 形密封圈。

3）拧紧连接螺栓，更换密封圈和垫圈。

>> **实例 005** 辊筒线周转箱传输异常

输送辊筒线如图 7-37 所示。

（1）故障现象：周转箱没有传输至下一个空闲的点位。

（2）检测分析：

1）检查光电感应器是否异常。

图 7-37　辊筒线周转箱传输异常

2）查看辊筒线是否出现红色圆点报警。

（3）故障处理：

1）调节感应距离，或者更换光电感应器。

2）点击界面的复位按键即可排除故障。

》 实例 006　辊筒驱动不工作出现过载保护的报警

（1）故障现象：周转箱没有传输至下一个空闲的点位。

（2）检测分析：

1）查看辊筒线是否堵料。

2）电动机辊筒驱动力不足。

（3）故障处理：

1）辊筒线程序应合理分时分段控制，避免出现堵料的情况。

2）更换驱动力更大的电动机辊筒。

》 实例 007　辊筒线表计不能正常出入库

（1）故障现象：表计不能正常出入库。

（2）检测分析：表计不能正常的出入库有可能是以下几种原因导致。

1）周转箱和辊筒线出现异物和变形引起的卡顿。

2）与立库对接的软件接口出现问题。

3）与立库对接的 PLC 点位出现问题。

（3）故障处理：

1）首先排除与立库对接的辊筒线有没有发生卡顿。

2）排查点位接线和软件对接接口有没有出现问题。

3）如果以上都没有问题，则是立库本身系统出现问题，联系立库相关人员处理。

（4）经验总结：

1）周转箱变形和箱子内一些异物会导致卡顿。

2）流水线和立库的软硬件接口应定期检查，防止出现问题。

实例 008　辊筒线不能正常顶升

（1）故障现象：辊筒线顶升移载不能正常顶升。

（2）检测分析：辊筒线顶升移载不能正常顶升有可能是以下几种原因导致。

1）顶升气压不正常导致不能正常顶起。

2）顶升气缸出现生锈导致顶升卡顿。

（3）故障处理：

1）首先检查该顶升的气压是否正常，如果气压有问题应处理气压问题。

2）去掉生锈的锈迹，涂抹润滑油。

（4）经验总结：顶升气缸，气缸杆应该定期涂抹润滑油，防止出现生锈。

实例 009　辊筒输送线堵料

（1）故障现象：表计在辊筒输送线堵住，无法出入库。

（2）检测分析：一般为辊筒线中间继电器故障。

1）检测辊筒线中间继电器是否损坏。

2）检测辊筒线中间继电器接线是否松动。

（3）故障处理：

1）更换辊筒线中间继电器。

2）紧固辊筒线中间继电器接线。

（4）经验总结：定期对辊筒线中间继电器进行维护和保养。

实例 010　提升机电辊筒报警

（1）故障现象：提升机电辊筒报警，无法正常提升表箱，如图 7-38 所示。

图 7-38 提升机电辊筒报警

（2）检测分析：

1）查看是否是开关信号源瞬间中断导致出现故障。

2）查看模块电源是否损坏。

（3）故障处理：

1）手动将提升机提升到上层限位。

2）若模块电源损坏，则更换模块电源。

3）点击触摸屏上的复位按键。

（4）经验总结：定期检测开关信号源运行状态，对模块电源进行周期性维护和保养。

7.7.2 链板输送线故障分析与处理

》 实例 001 传动链条掉出无法传动

（1）故障现象：传动链条在链板机槽中脱出，无法正常传动。

（2）检测分析：

1）检查链板机槽底板，在铺设时是否按照设计要求铺平铺直，是否出现凹凸不平、过度弯曲等现象。

2）检查链板和链板机槽，两者之间的间隙是否过大。

3）检查链板两边传送链条长短，是否是长短不同导致受力不平衡。

4）检查链板输送机的传动链条是否因张力不够，在机尾处造成堆链，使得链板极易从链板机槽中脱出。

（3）故障处理：

1）链板机槽底板要铺平铺直，必要时进行更换。

2）调节链板和链板机槽，保持合理距离，避免间距过大。

3）链板两边传送链条长短不同的话，则更换传送链条。

4）调节链板输送机的传动链条张力。

>> **实例 002** 动力链与传动链条之间不能正常啮合

（1）故障现象：传送链在动力链上脱落。

（2）检测分析：

1）检查动力链轮是否磨损严重或者搅入杂物。

2）检查传送链和动力链两者的松紧是否一致。

3）检查链板歪斜是否严重或者间距过大。

4）检查机头安装是否到位，链条与机头垂直度是否符合要求。

5）检查是否是动力链轮和传动轴之间间隙过大，从而导致动力链轮倾斜或晃动。

（3）故障处理：

1）若动力链轮磨损严重则进行更换，若搅入杂物则将其清理干净。

2）调节传送链和动力链两者的松紧，使其保持一致。

3）调节链板使其处于正确位置。

4）调节链条与机头垂直度，使其符合要求。

5）调节动力链轮和传动轴之间的间隙。

>> **实例 003** 电动机过热

（1）故障现象：启动设备后，电动机发热严重。

（2）检测分析：

1）测量电动机功率，检查是否由于超载，设备超负荷运行。

2）检查是否由于传动系统润滑条件不良，电动机功率增加。

3）检查电动机风扇进风口或径向散热片中是否堆积灰尘，使散热条件恶化。

4）在使用双电动机时，由于电动机特性曲线不一，轴功率分配不均，从而导致电动机发热。

5）检查是否频繁操作，导致电动机过热。

（3）故障处理：

1）合理安排设备检测计划，使得电动机在正常负荷运行。

2）各传动部位及时补充润滑。

3）及时清除灰尘。

4）在使用双电动机时，采用等功率电动机，使特性曲线趋向一致，通过调整耦合器充油量，使得两电动机功率合理分配。

5）减少操作次数。

7.7.3　堆垛机故障分析与处理

>> **实例 001** **堆垛机停止码垛**

（1）故障现象：运行过程中堆垛机停止码垛。

（2）检测分析：

1）检查服务器中运行监控内码垛数量是否与实际数量一致。

2）检查传感器是否失灵。

3）检查加紧气缸是否到达限位。

（3）故障处理：

1）将服务器监控软件中数量和实际更改一致。

2）调整传感器。

3）调整限位，维修气缸。

（4）经验总结：多注意堆垛机运行状态。

>> **实例 002** **堆垛机取货塌陷报警**

（1）故障现象：堆垛机取货时表箱倾斜掉落，指示灯亮红色报警，如图 7-39 所示。

（2）检测分析：表箱为纸箱，一般为表箱长时间存放受潮或表计在箱中质量分布不均匀导致表箱底部变形，堆垛机取货时受力不均匀，从而倾斜掉落。

（3）故障处理：

1）人工手动扶正纸箱。

2）在仓储调度系统客户端复位，重启任务。

（4）经验总结：定期监测表箱状态，一旦发现表箱底部不平整，及时进行处理。

图 7-39　堆垛机取货塌陷报警

7.8　自动贴标及刻码单元故障分析与处理

7.8.1　自动贴标单元故障分析及处理

》 **实例** **自动贴标单元未能正常贴标**

自动贴标单元如图 7-40 所示。

图 7-40　自动贴标单元

（1）故障现象：电能表未贴上合格标识或合格标识不清晰。

（2）检测分析：

1）检查自动贴标单元电源及接线是否正常。

2）检查自动贴标单元是否被按下屏蔽按钮。

3）检查合格标识是否用完。

4）检查合格标识是否质量出现问题。

（3）故障处理：

1）调节自动贴标单元电源及接线，确保自动贴标单元运行正常。

2）按下自动贴标单元运行按钮，使其恢复正常运行状态。

3）更换新的合格标识。

4）反馈合格标识生产厂家质量问题，更换合格的合格标识。

（4）经验总结：定期检查贴标后的电能表合格标识是否正常。

7.8.2　自动刻码单元故障分析与处理

» **实例**　自动刻码单元未能正常刻码

自动刻码单元如图 7-41 所示。

图 7-41　自动刻码单元

（1）故障现象：电能表铅封经自动刻码单元后空白或刻码不清晰。

（2）检测分析：

1）检查自动刻码单元电源及接线是否正常。

2）检查激光器参数设置是否正常。

3）检查电能表铅封是否出现质量问题。

（3）故障处理：

1）调节自动刻码单元电源及接线，确保自动刻码单元运行正常。

2）调节激光器的焦距和功率等参数，使设备能够正常刻码。

3）反馈铅封生产厂家质量问题，更换合格的铅封。

（4）经验总结：定期检查刻码后的电能表刻码是否正常。

参考文献

［1］ 国家电网有限公司 . 电能表自动化检定系统技术规范：Q/GDW 1574—2014[S]. 北京：中国电力出版社，2015.

［2］ 国家质量监督检验检疫总局 . 电子式交流电能表：JJG 596—2012[S]. 北京：中国质检出版社，2013.

［3］ 范国伟，桑建明 . 机电传动与运动控制 [M]. 北京：机械工业出版社，2013.

［4］ 胡冠山 . 电气控制与 PLC 程序设计 [M]. 北京：中国水利水电出版社，2019.

［5］ 马克·R·米勒，雷克斯·米勒 . 工业机器人系统及应用 [M]. 北京：机械工业出版社，2019.

［6］ 吴成东，姜杨 . 工业机器人系统设计 [M]. 2 版 . 北京：化学工业出版社，2020.

［7］ 王鑫，张涛，金映谷 . 异常检测算法综述 [J]. 现代计算机，2020，10：21-26.

［8］ 毋雪雁，王水花，张煜东 . K 最近邻算法理论与应用综述 [J]. 计算机工程与应用，2017，53（21）：1-7.

［9］ 李春生，于澍，刘小刚 . 基于改进距离和的异常点检测算法研究 [J]. 计算机技术与发展，2019，29（263）：103-106.